中等职业技术学校农林牧渔类

养殖专业教材

GUOJIAJI ZHIYE JIAOYU GUIHUA JIAOCAI

动物群发病防控

人力资源和社会保障部教材办公室 组织编写

王 臣 主编

中国劳动社会保障出版社

图书在版编目(CIP)数据

动物群发病防控/王臣主编. —北京：中国劳动社会保障出版社，2011
中等职业技术学校农林牧渔类——养殖专业教材
ISBN 978-7-5045-9287-3

Ⅰ.①动… Ⅱ.①王… Ⅲ.①动物疾病-防治 Ⅳ.①S858

中国版本图书馆 CIP 数据核字(2011)第 176004 号

中国劳动社会保障出版社出版发行
(北京市惠新东街 1 号 邮政编码：100029)
出 版 人：张梦欣
*
中国铁道出版社印刷厂印刷装订 新华书店经销
787 毫米×1092 毫米 16 开本 6.75 印张 138 千字
2011 年 8 月第 1 版 2018 年 6 月第 5 次印刷
定价：12.00 元

读者服务部电话：(010) 64929211/64921644/84626437
营销部电话：(010) 64961894
出版社网址：http://www.class.com.cn

前　言

为深入贯彻落实《国家中长期人才发展和规划纲要（2010—2020 年）》和《国家中长期教育改革和发展规划纲要（2010—2020 年）》精神，适应建设社会主义新农村、加快发展现代农业的需要，加大培养适应农业和农村发展需要的专业人才力度，人力资源和社会保障部教材办公室组织了一批教学经验丰富、实践能力强的教师与行业专家，在充分调研、讨论专业设置和课程教学方案的基础上，编写了农林牧渔类相关专业系列教材，共涉及种植、养殖、农机使用与维修、农村经济管理、农村能源开发与利用等专业，将于 2011—2012 年陆续出版。

本套教材具有以下特点：

第一，以满足农业生产为主导方向，以培养学生实践能力为基本原则，在合理确定学生应具备的能力结构与知识结构基础上，对教材内容的深度、广度进行了科学设计，并突出了实践性教学内容。

第二，根据农村经济和农业技术发展的趋势，尽可能多地在教材中充实新理念、新知识、新方法和新设备等方面的内容，力求使教材具有鲜明的时代特征，满足新农村建设的需要。

第三，在教材的表现形式上，尽可能多地采用图片、实物照片或表格等将知识点、技能点生动地展示出来，力求给学生创造一个更加直观的认知环境。

本套教材的编写得到了黑龙江省人力资源和社会保障厅以及黑龙江技师学院、黑龙江第二技师学院、哈尔滨技师学院、佳木斯职教集团、哈尔滨劳动技师学院、中国一重技师学院、黑龙江机械制造高级技工学校哈尔滨分校、五大连池技工学校、黑龙江农业职业技术学院、黑龙江农业工程职业学院等一批技工院校和职业院校的大力支持，教材编审人员做了大量的工作，在此，我们表示衷心的感谢！同时，恳切希望广大读者对教材提出宝贵的意见和建议。

人力资源和社会保障部教材办公室

2011 年 7 月

本书编审人员

主　　编　王　臣

副 主 编　韩传兴　李晓玲

参　　编　曹国辉　郭世玲

主　　审　于新秋

简　介

本书结合我国农业产业结构调整的实际情况，以适应社会需求为目标，以阐明基本理论、强化应用为重点，在保持科学性和系统性的基础上，突出应用性、实践性的原则。全书共分四章，包括动物传染病的发生与流行、动物传染病的综合护控措施、常见畜禽病毒性疾病的防治、其他常见动物疾病的防治。章末附有思考题，便于对各章重要内容更好地理解和掌握。

本书由黑龙江技师学院王臣担任主编，韩传兴、李晓玲担任副主编，曹国辉、郭世玲参加编写，本书由于新秋主审。

目 录

第一章　动物传染病的发生与流行

学习目标：

◆掌握感染和传染病的基本概念

◆掌握传染病感染的类型

◆掌握传染病的发展过程

◆掌握动物传染病流行的基本知识

第一节　动物传染病的基础知识

一、感染与动物传染病

病原微生物侵入动物机体并在一定的部位定居、生长繁殖，从而引起动物机体一系列病理反应，这个过程称为感染。由某种特定病原微生物引起，具有一定潜伏期和临床表现并有传染性的疾病，称为传染病。

动物感染病原微生物后会有不同的临床表现，从完全没有临床症状到明显的临床症状，甚至死亡，这是病原的致病性、毒力与宿主特性综合作用的结果。也就是说病原对宿主的感染力和使宿主的致病力表现出很大差异，这不仅取决于病原本身的特性（致病力和毒力），也与动物的遗传易感性和宿主的免疫状态以及环境因素有关。

传染病的表现形式虽然多种多样，但也具有一些共同特性，根据这些特性可与其他非传染病相区别，这些特性是：

1. 传染病是在一定环境条件下由病原微生物与动物机体相互作用引起的。每一种传染病都有其特异的致病性微生物存在，例如猪瘟是由猪瘟病毒引起的。

2. 传染病具有传染性和流行性。病畜禽体内排出的病原微生物侵入另一有易感性的健畜禽体内，引起同样症状的疾病，这种现象就是传染病与非传染病相区别的一个重要特征，也是兽医工作者和养殖户应该特别注意的问题。当一定环境条件适宜时，在一定时间内，某一地区易感动物群中可能有许多动物被感染，致使传染病蔓延传播，形成流行。

3. 被感染的动物机体发生特异性反应，产生特异性抗体和变态反应等。

4. 耐过动物能获得特异性免疫。动物耐过传染病康复后，在大多数情况下均能产生特异性免疫，使机体在一定时期内或终生不再患该种传染病。

5. 具有特征性的临诊表现。大多数传染病都具有该种病特征性的综合症状和一定的潜伏期和病程经过。

6. 具有一定的流行规律。传染病在动物群体中流行时，其发病数量随时间变化而呈现一定的规律性，一些传染病流行表现出明显的季节性和周期性。

二、感染的类型

1. 外源性和内源性感染

这是按病原体的来源分类。若病原体从外界侵入动物机体引起的感染过程，称为外源性感染。一些条件性致病微生物已存在于动物机体，当受不良因素影响，动物机体抵抗力减弱时，可导致病原微生物大量繁殖和毒力增强，最终引起动物机体发病的感染过程，称为内源性感染。

2. 单纯、混合、原发、继发感染

这是根据病原体的种类及感染先后分类。由一种病原微生物所引起的感染，称为单纯感染。由两种以上的病原微生物同时参与的感染，称为混合感染。动物在感染了一种病原生物之后，在机体抵抗力减弱的情况下，又由新侵入的或原来存在于体内的另一种病原微生物引起感染，这时前一种感染称为原发感染，后一种感染称为继发感染。

3. 显性和隐性感染

这是依据感染后所出现症状的严重程度分类。将出现该病所特有的明显发病症状的感染称为显性感染。在感染后无明显发病症状而呈隐蔽经过的称为隐性感染。动物在机体抵抗力降低时隐性感染也能转变为显性感染。

4. 局部和全身感染

按照感染部位将动物机体的抵抗力较强、病原微生物毒力较弱或数量较少、病原微生物被局限在一定部位生长繁殖并引起一定病变的感染称局部感染，如化脓性葡萄球菌、链球菌等所引起的各种化脓创口。如果动物机体抵抗力较弱，病原微生物突破了机体的各种防御屏障侵入血液向全身扩散，则称为全身感染，主要表现为菌血症、病毒血症、毒血症、败血症、脓毒症和脓毒败血症等。

5. 最急性、急性、亚急性和慢性感染

按照感染后病程的长短，可将感染分为四类：最急性感染的病程最短，常在数小时或一天内突然死亡，症状和病变不显著；急性感染的病程较短，自几天至3周不等，伴有典型的发病症状和病理变化；亚急性感染的病程稍长，发病表现不如急性感染明显，和急性相比是

一种比较缓和的类型；而慢性感染是指经急性或隐性感染后病毒持续存在于机体血液或组织中，经常或间断地排出体外，发病进展缓慢。

6. 持续性感染和慢病毒感染

持续性感染是指动物长期持续的感染状态。由于入侵的病毒不能杀死宿主细胞而使两者之间形成共生平衡，感染动物可长期或终生携带病原体，并经常不定期地向体外排出病原体，但常缺乏或出现与免疫病理反应有关的症状。如猪瘟病毒、猪繁殖与呼吸综合征病毒等感染后可表现为持续性感染。

慢病毒感染是指潜伏期长，发病呈进行性经过，最后常以死亡为转归的病毒感染。与持续性感染的不同在于疾病过程缓慢，病情不断发展并最终引起死亡。

三、传染病病程的发展过程

传染病的病程发展过程在大多数情况下具有严格的规律性，大致可以分为潜伏期、前驱期、明显（发病）期和转归（恢复）期四个阶段。

1. 潜伏期

从病原体侵入机体并进行繁殖时起，直到疾病的临诊症状开始出现为止，这段时间称为潜伏期。一般来说，最急性传染病潜伏期短或没有潜伏期，急性传染病的潜伏期差异范围较小，慢性以及症状不显著的传染病潜伏期差异较大。一般炭疽 1～14 天，多数 1～5 天；猪瘟 2～20 天，多数 5～8 天。

2. 前驱期

前驱期是指从出现疾病的最初症状到该病典型症状显露的这段时间，是疾病的征兆阶段，其特点是发病症状开始表现出来，如体温升高、食欲减退、精神异常等，但其特征性症状尚不明显，其时间长短不一。

3. 明显期

前驱期之后，疾病的特征性症状逐步明显地表现出来，此阶段是传染病发展和病原体增殖的高峰阶段，很多有代表性的典型临床症状和病理变化也相继出现，因而进行临床诊断比较容易。

4. 转归期

疾病进一步发展为转归期，是疾病发展的最后阶段，包括死亡转归和恢复健康。如果病原体的致病能力增强，或动物机体的抵抗力减弱，则传染过程以动物死亡为转归。如果得到及时治疗或抵抗力增强则机体恢复健康，在一定时期内对该病的再次发生具有一定的免疫性，有的传染病在康复后的一定时间内还存在带菌（毒）排菌（毒）现象。

第二节　动物传染病的流行

一、动物传染病的流行过程

动物传染病的流行过程就是从个体感染发病到群体发病的过程，也就是传染病在畜群中发生发展的过程。

1. 传染病流行过程的表现形式

在动物传染病的流行过程中，根据一定时间内发病率高低和传染范围大小（即流行强度）可将疾病的表现形式分为下列四种：

（1）散发性。无规律性随机发生，局部地区病例零星地出现，各病例在发病时间与地点上无明显的关系时称为散发，如破伤风、狂犬病等。

（2）地方流行性。在一定的地区和畜禽群中带有局限性传播特征的，并且是比较小规模流行的动物传染病可称为地方流行性，如炭疽、猪气喘病等。

（3）流行性。是指在一定时间内一定畜禽群出现较多的病例。流行性疾病的传播范围广、发病率高。这些疾病往往是病原的毒力较强，能以多种方式传播的，如猪瘟、鸡新城疫等。一般认为，某种传染病在一个畜禽群单位或一定地区范围内，在短时间突然出现很多病例时，可称为暴发。

（4）大流行性。是一种规模非常大的流行，流行范围可扩大至全国，甚至可涉及几个国家或整个大陆。

2. 流行过程的季节性和周期性

某些传染病经常发生在一定的季节，或在一定的季节出现发病率显著上升的现象，称为流行过程的季节性。出现季节性的主要原因有季节对病原体在外界环境中存在和传播的影响、季节对传播媒介的影响、季节对动物活动和抵抗力的影响。

某些传染病如口蹄疫、牛流行热等，经过一定的间隔时期（常以数年计），还可再度流行，这种现象称为动物传染病的周期性。

3. 影响流行过程的因素

（1）自然因素。主要包括地理位置、气候、植被、地质水文等，它们对流行过程的传染源、传播媒介、易感动物起着复杂的作用。

（2）社会因素。影响动物疫病流行过程的社会因素主要包括社会的政治、经济制度，经济、文化、科学技术水平，以及贯彻执行防疫法规的情况等。

（3）饲养管理因素。如畜禽舍的整体设计、规划布局、建筑结构、通风设施、饲养管理制度、卫生防疫制度和措施、工作人员素质等都是影响疾病发生的因素。例如肉鸡生产采用全进全出制代替连续饲养，疾病的发病率会显著下降。长途运输、过度拥挤、气候突变、饲料更换、转群并群、频繁注射等，都易导致动物机体抵抗力降低或增加接触机会而诱使某些传染病暴发流行。

二、传染病流行的必备条件

传染病的流行必须具备三个最基本的条件，即传染源、传播途径和易感动物。传染病流行的三个条件必须同时存在并相互激发才能使疾病在动物群中暴发流行。

1. 传染源

传染源是指有某种传染病的病原体在体内寄居、生长、繁殖，并能排出体外的动物机体，即被感染的动物。传染源分为患病动物和病原携带者两种类型。

（1）患病动物。患病动物是最重要的传染源；前驱期和临床明显期排出的病原体数量多、毒力强，传染源作用最大；潜伏期和转归期病畜禽带菌（毒）情况随病种不同而异；传染期则始终排出病原体；为了控制传染源应对病畜禽隔离至传染期终了为止。

（2）病原携带者。外表无症状但能携带并排出病原体的动物。多数传染病的病原体都可诱导不同形式的持续性感染，即病原携带状态。病原携带者排出病原体的数量虽少，但由于动物无临床症状并在群体中可以自由活动，因而是非常危险的传染源。

病原携带者又分为潜伏期病原携带者、健康病原携带者和恢复期病原携带者。

1）潜伏期病原携带者。从感染后到症状出现前即能排出病原体的动物。在这一时期，大多数传染病的病原体数量还很少，此时一般不具备排出条件，故不能起到传染的作用。但少数传染病如狂犬病、口蹄疫和猪瘟等在其后期可排出病原体，具有传染性。

2）恢复期病原携带者。是指某些传染病的病程结束后仍能排出病原体的动物。恢复期病原携带者的持续时间有时较短暂，但有时则可转化为慢性病原携带者。对某些传染病，如猪气喘病、萎缩性鼻炎、巴氏杆菌病、沙门菌病等，通过延长隔离、治疗时间，控制恢复期仍能携带病原体的患病动物。

3）健康病原携带者。是指过去没有患过某种传染病却能排出该病病原体的动物。健康病原携带者持续时间短暂、排出病原体的数量少，通常只能靠实验方法检出。

但巴氏杆菌、沙门氏菌、猪丹毒杆菌和猪痢疾蛇形螺旋体等健康病原携带者在一定地区或养殖场内的数量较多，只有经过多次反复的检查，结果均为阴性时才能排除病原携带者。

2. 传播途径

病原体由传染源排出后，经一定的方式再侵入其他易感动物所经历的路径称为传播途径。动物传染病的传播途径比较复杂，每种传染病都有其特定的传播途径，有的可能只有一种途径，如皮肤霉菌病、虫媒病毒病等；有的有多种途径，如炭疽可经接触、饲料、饮水、空气、土壤、媒介节肢动物等由皮肤黏膜创伤、消化道、呼吸道等途径传播。

病原体由传染源排出后，经过一定的传播途径再侵入其他易感动物所表现的形式称为传播方式，包括水平传播和垂直传播两类。

（1）水平传播是指传染病在群体之间或个体之间以横向方式传播，包括直接接触和间接接触传播两种方式。

1）直接接触传播是指病原体通过被感染的动物与易感动物直接接触（包括交配、舔咬等）而不需要任何外界条件因素的参与而引起的传播方式。如狂犬病，其流行特点是一个接一个发生，形成明显的连锁状，这种传播方式一般不易造成广泛的流行。

2）间接接触传播是指病原体通过传播媒介使易感动物发生传染的方式，传播媒介包括空气、饲料、水、土壤、节肢动物、人、体温计、注射针头等。大多数传染病如口蹄疫、牛瘟、猪瘟、鸡新城疫等既可通过间接接触传播，也可通过直接接触传播，故将这类疾病称为接触性传染病。

（2）垂直传播是指从亲代到其子代之间的纵向传播形式，传播途径包括胎盘传播、经卵和产道传播，如猪瘟、禽白血病、鸡沙门氏菌病、大肠埃希氏菌、葡萄球菌、链球菌、沙门氏菌和疱疹病毒等。

3. 群体易感性

动物易感性是指畜禽对于某种传染病病原体感受性的大小，是否缺乏抵抗力、容易被感染的特性，是动物对某种病原体的易感程度。而动物群体易感性是指一个动物群体作为整体对某种病原体感受性的大小，它取决于群体中易感个体所占比例和机体的免疫强度，决定传染病能否流行及其流行的强度。易感性主要由动物遗传特性及其特异性免疫状态等内在因素决定，也受其他外界因素如气候、饲料、饲养管理、卫生条件、健康状态和应激因素等影响。

（1）导致动物群易感性升高的因素。不同种类动物对不同病原体甚至对同一种病原体的易感性有差异。群体免疫力降低，某种传染病流行结束一定时间后，针对该病的免疫力逐渐消退。新生动物或新引进动物的比例逐渐增加。免疫接种程序的紊乱或接种的动物数量不足。免疫接种所使用的生物制品质量不合格。饲养管理因素如饲料质量差、营养成分不全、饥饿、寒冷、暑热、运输和疾病状态等因素导致机体的抵抗力降低，年龄及性别因素等。

（2）降低动物群体的易感性。可选育抵抗力强的动物品系，有计划的预防接种，加强饲养管理。

思　考　题

1. 根据动物感染的特征和传染病的发展阶段，如何预防动物的感染。
2. 传染病流行过程的基本环节是什么？
3. 研究和分析传染病的传播方式以及传播途径的目的是什么？

第二章　动物传染病的综合防控措施

学习目标：

◆了解疫情巡查、报告和诊断，在疫情发生时，采取正确的做法

◆掌握疫情预防以及疫情发生后，检疫、隔离、封锁以及消毒、杀虫的方法

◆掌握雪灾后动物疫病防控要点

◆掌握科学合理用药的知识

◆掌握免疫接种的相关知识

第一节　疫情巡查、报告和诊断

疫情巡查、报告和诊断是动物防疫的一项重要基础工作。做好这项工作，有利于真正做到疫情“早发现、早诊断、早处置”，将疫情控制在最小范围内，把疫情造成的损失降到最低程度。

一、疫情巡查

1. 疫情巡查的方法

（1）询问。向养殖户了解畜禽近期是否有可疑情况，包括采食、饮水、发病等。

（2）查看。深入畜禽饲养圈舍，查看畜禽精神状况，粪便形状、尿液颜色是否异常，必要时可进行体温、脉搏、呼吸的测量。

2. 疫情巡查的要求

（1）巡查每周不少于一次。在疫病高发季节，应增加巡查次数，最好每天巡查一次，并做好巡查记录。

（2）对河流、水沟、野生动物栖息地和出没地等也要进行巡查。

二、疫情报告

动物传染病发生后，及时正确的诊断是防治工作的首要环节，它关系到能否正确制定有效的控制措施。正确的诊断来自正确的策略、完善的方案、可靠的方法和先进的技术，特别是针对较大的疫情，应该全面系统掌握各方面的材料、信息、数据和检测结果。畜禽传染病的诊断方法很多，包括临床综合诊断和实验诊断。但在实际工作中特别强调综合诊断，注意各种诊断方法的配合使用、各种诊断结果的综合分析，最后确诊。

饲养、生产、经营、屠宰、加工、运输畜禽及其产品的单位和个人，发现传染病或疑似传染病时，必须立即向乡镇畜牧兽医站报告，若乡镇畜牧兽医站没有及时作出反应，可直接向市、县兽医行政主管部门、动物防疫监督机构或动物疫病预防控制机构汇报。特别是可疑为口蹄疫、高致病性禽流感、炭疽、狂犬病、牛瘟、猪瘟、鸡新城疫、牛流行热等重要法定传染病时，一定要迅速向上级有关部门报告，并通知邻近单位及有关部门注意预防工作。上级机关接到报告后，除及时派人到现场协助诊断和紧急处理外，根据具体情况逐级上报，若为紧急疫情，应以最迅速的方式上报有关领导部门。

当畜禽突然死亡或怀疑发生传染病时，应立即通知兽医人员。在兽医人员尚未到达现场或尚未作出诊断之前，应将疑似染病畜禽进行隔离，派专人管理；对病畜停留过的地方和污染的环境、用具进行消毒；完整保留畜禽尸体；不得随便急宰，不得食用病畜禽的皮、肉、内脏。

报告形式可采用电话、传真、电子邮件等形式从以下以方面报告。

（1）疫情发生的时间、地点。

（2）染病、疑似染病动物种类和数量、同群动物数量、免疫情况、死亡数量、临床症状、病理变化、诊断情况。

（3）流行病学和疫源追踪情况。

（4）已采取的控制措施。

（5）疫情报告单位（个人）、负责人、报告人及联系方式。

三、疫情的诊断

1. 传染病的诊断

（1）临诊诊断。临诊诊断是最基本的诊断方法，是利用人的感官或借助一些最简单的器械如体温计、听诊器等直接对病畜禽进行检查。检查内容主要包括患病畜禽的精神、食欲、体温、脉搏、体表及被毛变化、分泌物和排泄物特性、呼吸系统、消化系统、泌尿生殖系统、神经系统、运动系统及五官变化等。有些传染病具有特征性临诊症状，经过仔细的临诊检查可以作出诊断，如破伤风、狂犬病和放线菌病等。但在很多情况下，临诊诊断只能提出可疑疫病的大致范围，必须结合其他诊断方法才能确诊。在进行临诊诊断时，应注意对整个发病畜禽群所表现的综合症状加以分析判断，以免误诊。

（2）流行病学诊断。流行病学诊断是针对患传染病的畜禽群体，经常与临诊诊断联系在一起的一种诊断方法。某些畜禽疫病的临诊症状虽然基本上是一致的，但其流行的特点和规律却很不一致。流行病学诊断是在流行病学调查（即疫情调查）的基础上进行的。因此，这种方法在传染病的诊断工作中具有极大的实用价值，涉及本次流行的情况；传播途径和方式的调查；该地区的政治、经济基本情况，群众生产和生活活动的基本情况和特点，畜牧兽医机构和工作的基本情况。

（3）病理解剖学诊断。患各种传染病而死亡的畜禽尸体，多有一定的病理变化，可作为诊断的依据之一，病理解剖学检查是诊断传染病的重要方法之一。它既可验证临诊诊断结果的正确与否，又可为实验室诊断方法和内容的选择提供参考依据。猪瘟、猪气喘病、鸡新城疫、禽霍乱、牛肺疫，都有特征性的病理变化，常有很大的诊断价值。

（4）微生物学诊断。运用兽医微生物学的方法进行病原学检查是诊断传染病的重要方法之一，一般常用下列方法和步骤：

1）病料的采集。正确采集病料是微生物学诊断的重要环节。病料力求新鲜，最好能在濒死时或死后数小时内采取，要求尽量减少杂菌污染，用具器皿应严格消毒。

2）病料涂片镜检。通常在有显著病变的不同组织器官和不同部位涂抹数片，进行染色镜检。

3）分离培养和鉴定。分离培养病毒可选用禽胚、动物或细胞组织等。分得病原体后，再进行形态学、培养特性、动物接种、免疫学及分子生物学等鉴定。

（5）免疫学诊断。免疫学诊断是传染病诊断和检疫中常用的重要方法，包括血清学实验和变态反应两类。

1）血清学实验。可以用已知抗原来测定被检动物血清中的特异性抗体，也可以用已知的抗体来测定被检材料中的抗原。常用的血清学方法有中和实验、凝集实验（直接凝集实验、间接凝集实验、间接血凝实验、协同凝集实验和血细胞凝集抑制实验）、琼脂扩散沉淀实验、补体结合实验、免疫荧光实验、免疫酶技术。

2）变态反应。动物患某些传染病（主要是慢性传染病）后，可对该病病原体（某种抗原物质）的再次进入产生强烈反应，即变态反应。能引起变态反应的物质（病原体或其产物或抽提物）称为变应原，如结核菌素、鼻疽菌素等，将其注入患病动物时，可引起局部或全身反应，可用于传染病的诊断。

2. 传染病的治疗

治疗原则是早期治疗、标本兼治，特异和非特异性结合，药物治疗与综合措施相配合。治疗用药坚持因地制宜、勤俭节约，既要考虑针对病原体，消除其致病作用，又要帮助动物机体增强一般抗病能力和调整、恢复生理机能，采取综合性的治疗方法。

（1）针对病原体的疗法。在传染病的治疗方面，帮助动物机体杀灭或抑制病原体，或消除其致病作用的疗法是很重要的，一般可分为特异性疗法、抗生素疗法和化学疗法等。

1）特异性疗法。针对某种传染病的高度免疫血清、痊愈血清（或全血）、卵黄抗体等特异性生物制品进行治疗，因为这些制品只对某种特定的传染病有疗效，而对其他传染病无效，故称为特异性疗法。

高度免疫血清主要用于某些急性传染病的治疗，如小鹅瘟、猪瘟、鸡传染性法氏囊病、破伤风等。一般在诊断确实的基础上于病的早期注射足够剂量的高度免疫血清，常能取得良好的疗效。如缺乏高度免疫血清，可用耐过动物或人工免疫动物的血清或血液代替，也可起到一定的作用，但用量须加大。使用血清时如为异种动物血清，应特别注意防止过敏反应。

2）抗生素疗法。抗生素为细菌性传染病的主要治疗药物，在兽医实践中的应用日益广泛，并已获得显著成效。但合理应用抗生素是发挥抗生素疗效的重要前提，应用不合理或滥用抗生素往往引起种种不良后果。一方面可能使敏感病原体对药物产生耐药性，另一方面可能对机体产生不良反应，甚至中毒。

3）化学疗法。治疗畜禽传染病最常用的化学药物有磺胺类药物、抗菌增效剂、喹诺酮类（诺氟沙星、环丙沙星、恩诺沙星、沙拉沙星等）和中药抗菌药（黄连素、大蒜素等）等。

4）抗病毒药物疗法。抗病毒感染的药物近年来有所发展，但仍远较抗菌药物为少，毒性一般也较大。主要包括三氮唑核苷（又称病毒唑）、黄芪多糖、板蓝根等。

（2）针对动物机体的疗法。在畜禽传染病的治疗工作中，既要帮助动物机体消灭或抑制病原体，消除其染病作用，又要帮助机体增强抵抗力，调整恢复生理机能，促使机体战胜疫病，恢复健康。因此应做好以下工作：

1）加强护理。对病畜护理工作的好坏，直接关系到医疗效果的好坏，是治疗工作的基础。传染病的治疗应在严格隔离的畜禽舍中进行。冬季应注意防寒保暖，夏季注意避暑降温。隔离舍必须光线充足，通风良好，并有单独的畜栏，防止病畜彼此接触。应保持安静、干爽清洁，并经常进行消毒，严禁闲人入内。应供给病畜禽充足的饮水，因高热病畜禽经常需要喝水，每一病畜禽应单独有一水桶或水盆，每天更换清洁的饮水。给以新鲜而易消化的高质量饲料，少喂勤添，必要时可人工灌服。根据病情的需要，也可注射葡萄糖、维生素或其他营养性物质以维持其生命。

2）对症疗法。在传染病治疗中，为了减缓或消除某些严重的症状，调节和恢复动物机体的生理机能而进行的内外科疗法，均称为对症疗法。如使用退热、止痛、止血、镇静、解痉、兴奋、强心、利尿、轻泻、止泻、输氧、防止酸中毒和碱中毒、调节电解质平衡等药物以及某些急救手术和局部治疗等，都属于对症疗法的范畴。

3）针对群体的治疗。目前集约化饲养规模日益扩大，传染病的危害更为严重，除对患畜进行护理和对症疗法之外，主要是针对整个群体的紧急预防性治疗，除使用药物外，还需紧急注射疫（菌）苗、血清等。

第二节　检疫、隔离、封锁的概念

一、检疫

检疫是指利用各种诊断和检测方法对动物及其相关产品、物品进行疫病或病原体或抗体检查。检疫的目的是查出传染源，切断传播途径，防止疫病传播。

动物检疫是遵照国家法律，运用强制性手段和科学技术方法预防和阻断动物疾病的发生或从一个地区向另一个地区传播的日常性工作。动物防疫法规定实施检疫的动物包括各种家畜、家禽、皮毛兽、实验动物、野生动物、观赏演艺动物和蜜蜂、鱼苗、鱼种、胚胎等；动物产品包括生皮张、生毛类、生肉、种蛋、精液、鱼粉、兽骨、蹄角等；运载工具包括运输动物及其产品的车船、飞机、包装、铺垫材料、饲养工具和饲料等。动物检疫分为屠宰检疫、产地检疫、运输检疫和国境（口岸）检疫等。

二、隔离

将不同健康状态的畜禽动物严格分离、隔开，完全彻底切断它们的来往接触，防止疫病的传播、蔓延即为隔离。隔离是为了控制传染源，是防治传染病的重要措施之一。隔离有两种情况：一种是正常情况下对新引进动物的隔离，其目的是观察这些动物是否健康，以防把感染动物引入新的地区或动物群体，造成疫病传播流行；另一种是在发生传染病时实施的隔离，是将病畜禽和可疑感染的畜禽隔离开。隔离病畜禽防止其他畜禽继续受到传染，以便将疫情控制在最小范围内加以就地扑灭。根据诊断结果，可将全部受检畜禽分为病畜禽、可疑感染畜禽和假定健康畜禽三类，以便分别对待。

1. 病畜禽

如果病畜禽数目较多，可集中隔离在原来的畜舍里。应该特别注意严密消毒，加强卫生和护理工作，须有专人看管并及时进行治疗。隔离场所禁止闲杂人员出入和接近，工作人员出入应遵守消毒制度。隔离区内的用具、饲料、粪便等，未经彻底消毒处理，不得运出，没有治疗价值的病畜禽，由兽医根据国家有关规定进行严密处理。

2. 可疑感染畜禽

是指未发现任何症状，但与病畜禽及其污染的环境有过明显接触的畜禽，此如同群、同圈、同槽、同牧，使用共同水源、用具等。这类畜禽应在消毒后另选地方将其隔离看管，限制活动，严加观察，出现症状的则按病畜禽处理。有条件时应立即进行紧急免疫接种或预防性治疗。隔离观察时间的长短，应根据所患传染病的潜伏期长短而定，经一定时间不发病者，可取消其限制。

3. 假定健康畜禽

除上述两类动物外，疫区内其他易感畜禽都属于假定健康畜禽。此类畜禽应与上述两类严格隔离饲养，加强防疫消毒和相应的保护措施，立即进行紧急免疫接种，必要时可根据实际情况分散喂养或转移至偏僻牧地。

三、封锁

根据《中华人民共和国动物防疫法》规定，当确诊为口蹄疫、猪瘟、牛肺疫、禽流感等"一类"传染病或当地新发现的畜禽传染病时，兽医应立即报请当地政府机关，划定疫区范围，进行封锁。执行封锁时应掌握"早、快、严、小"的原则，即执行封锁应在流行早期，行动果断快速，封锁严密，范围尽可能小。具体措施如下：

1. 封锁疫点应采取的措施

（1）严禁人、畜禽、车辆出入和畜禽产品及可能污染的物品运出。在特殊情况下人员必须出入时，需经有关兽医人员许可，经严格消毒后出入。

（2）对病死畜禽及其同群畜禽，县级以上农牧部门有权采取扑杀、销毁或无害化处理等措施。

（3）疫点出入口必须有消毒设施，疫点内用具、圈舍、场地必须进行严格消毒，疫点内的畜禽粪便、垫草、受污染的草料必须在兽医人员监督指导下进行无害化处理。

2. 封锁疫区应采取的措施

（1）交通要道必须建立临时性检疫消毒关卡，备有专人和消毒设备，监视畜禽及其产品流动，对出入人员、车辆进行消毒。

（2）停止集市贸易和疫区内畜禽及其产品的采购。

（3）未污染的畜禽产品必须运出疫区时，需经县级以上农牧部门批准，在兽医防疫人员监督指导下，经外包装消毒后运出。

（4）非疫点的易感畜禽，必须进行检疫或预防注射。农村城镇饲养及牧区畜禽必须在指定地区放牧，役畜限制在疫区内使役。

3. 受威胁区应采取的措施

疫区周围地区为受威胁区，其范围应根据疾病的性质，疫区周围的山川、河流、草场、交通等具体情况而定。应采取的措施包括：

（1）应及时对受威胁区内的易感动物进行预防接种，以建立免疫带。

（2）管理好本区易感动物，禁止出入疫区，并避免利用疫区水源。

（3）禁止从封锁区购买牲畜、草料和畜产品，如从解除封锁后不久的地区买进牲畜或其产品，应注意隔离观察，必要时对畜禽产品进行无害化处理。

（4）对设在本区的屠宰场、加工厂、畜禽产品仓库进行兽医卫生监督，拒绝接受来自疫区的活畜禽及其产品。

4. 解除封锁

疫区内（包括疫点）最后一只病畜禽扑杀或痊愈后，经过该病一个潜伏期以上的检测、观察未再出现病畜禽时，经彻底清扫和终末消毒，由县级以上农牧部门检查合格后，经原发布封锁令的政府发布解除封锁令，并通报毗邻地区和有关部门。疫区解除封锁后，病愈畜禽需根据其带毒时间，控制在原疫区范围内活动，不能将其调到安全区。

第三节　消毒、杀虫的方法

一、消毒

利用物理、化学或生物学方法杀灭或清除外界环境中的病原体，从而切断其传播途径、防止疫病的流行叫做消毒。消毒是贯彻“预防为主”方针的一项重要措施，其目的就是消灭被传染源散播于外界环境中的病原体，以切断传播途径，阻止疫病继续蔓延。

二、主要的消毒对象及原则

消毒的主要对象是动物分泌物、排泄物以及被污染的场地，包括圈舍及周边环境、垫料、用具，饲养人员的衣物、鞋靴、进出车辆等。

养殖场的消毒工作细分为环境消毒、设施设备消毒、进出人员消毒、饮水消毒等，按照消毒制度，养殖场每周全场消毒 2 至 3 次，环境消毒选用 2%～3%烧碱泼洒或者酚制剂喷打两种交替使用，在大门口，圈舍入口设消毒池，并定期更换烧碱溶液。

严格遵守消毒剂使用说明书，不得随意加大或减少用量，要定期（3 个月）更换消毒剂，避免病原微生物产生耐药性。严禁不同消毒剂混用，避免消毒效果降低或消失，畜禽消毒每星期不少于 3 次，环境消毒每周不少于 1 次，但免疫前后 2 天不进行消毒，以免影响免疫效果，甚至造成免疫失败。消毒应全面彻底，避免病原微生物的二次污染。

三、一般的消毒程序

要想达到满意的消毒效果，就一定要按科学的程序进行。畜禽栏舍的空栏消毒要按以下程序：清扫→清洗→干燥→消毒→清洗→再消毒→再清洗→干燥，而且消毒过程中的顺序也有讲究，即从高到低、由一侧到另一侧。

针对不同的消毒对象、消毒环境、消毒剂特性应采用不同浓度、不同种类的消毒剂和喷洒、搅拌、熏蒸等不同的消毒方式，提倡交叉采用各种消毒方法。

四、消毒方法

1. 机械性清除

用机械的方法如清扫、洗刷、通风等清除病原体，这是最普通、常用的方法。机械性清除由于去除了各种有机物对病原体的保护作用，不但可以除去环境中85%的病原体，而且还可使随后的化学消毒剂对病原体发挥更好的杀灭作用。

2. 物理消毒法

即利用阳光、紫外线进行消毒。阳光对于牧场、草地、畜栏、用具和物品等的消毒具有很大的现实意义，应该充分利用。但阳光的消毒能力大小取决于很多条件，如季节、时间、纬度、天气等。因此利用阳光消毒要灵活掌握，并配合使用其他方法。

在实际工作中，很多场合用人工紫外线来进行空气消毒。消毒灭菌使用的紫外线波长范围是200～275 nm，杀菌作用最强的波段是250～270 nm。紫外线的杀菌作用受很多因素影响，如只能对表面光滑的物体才有较好的消毒效果。空气中的尘埃能吸收很大部分紫外线，应用紫外线消毒时，室内必须清洁。人员必须离开现场，因紫外线对人体有一定的损害。如果应用漫射紫外线则对人体无害，漫射紫外线的装置与直射紫外线相反，即反光板装在灯下，紫外线直射天花板，然后漫射向下。对污染表面消毒时，灯管距表面不超过1 m。灯管周围1.5～2 m处为消毒有效范围。消毒时间为1～2 h。房舍消毒每10～15 m^2 面积可设30 W灯管1个，最好每照2 h间歇1 h，然后再照，以免臭氧浓度过高。当空气相对湿度为45%～60%时，照射3 h可杀灭80%～90%的病原体。

3. 高温消毒

高温消毒是最彻底的消毒方法之一，包括火焰烧灼和烘烤、煮沸消毒和蒸汽消毒。当发生抵抗力强的病原体引起的传染病（如炭疽、气肿疽等）时，病畜禽的粪便、饲料残渣、垫草、污染的垃圾和其他价值不大的物品，以及病畜禽的尸体，均可用火焰加以焚烧。畜禽舍地面、墙壁可用喷射火焰消毒。金属制品也可用火焰烧灼和烘烤进行消毒。应用火焰消毒时必须注意房舍物品和周围环境的安全。各种金属、木质、玻璃用具、衣物等都可以进行煮沸消毒。将耐煮污染物品浸入含水容器内煮沸，加少许碱类物质如2%的苏打、0.5%的肥皂等，可使蛋白、脂肪溶解，增强消毒作用。蒸汽消毒与煮沸消毒的效果相似，在一些交通检疫站，可设立专门的蒸汽锅炉或利用蒸汽机车和轮船的蒸汽对运输的车皮、船舱、包装工具等进行消毒。如果蒸汽和化学药品（如甲醛等）并用，杀菌效果可以加强。

4. 化学消毒法

化学消毒的效果决定于许多因素，例如病原体抵抗力的特点、所处环境的情况和性质、消毒时的温度、药剂的浓度、作用时间长短等。在选择化学消毒剂时应考虑对病原体的消毒力强、对人畜的毒性小、不损害被消毒的物体、易溶于水、在消毒的环境中比较稳定、不易失去消毒作用、价廉易得和使用方便等。

（1）氢氧化钠（烧碱）。对细菌和病毒均有强大的杀灭力，常配成1%～2%的热水溶液对被污染的畜禽舍、地面和用具等进行消毒。本品对金属物品有腐蚀性，消毒完毕要冲洗干净。对皮肤和黏膜有刺激性，消毒畜禽舍时，应赶出畜禽，隔半天以水冲洗饲槽地面后，方可让畜禽进圈。

（2）石灰乳。取生石灰（氧化钙）1份加水1份制成熟石灰（氢氧化钙，或称消石灰），然后用水配成10%～20%的混悬液用于消毒。若熟石灰存放过久，吸收了空气中的二氧化碳，变成碳酸钙，会失去消毒作用。因此在配制石灰乳时，应随配随用，以免失效。石灰乳有相当强的消毒作用，但不能杀灭细菌的芽孢，它适于粉刷墙壁、圈栏，消毒地面、沟渠和粪尿等。生石灰1 kg加水350 mL化开而成的粉末，也可撒布在阴湿地面、粪池周围等处进行消毒。直接将生石灰粉撒播在干燥地面上，不具有消毒作用，反而会使家畜蹄部干燥开裂。石灰乳的杀菌作用主要是改变介质的酸碱度，夺取微生物细胞的水分，并与蛋白质形成蛋白化合物。

（3）漂白粉。漂白粉是一种广泛应用的消毒剂，其主要成分为次氯酸钙，是用气体氯将石灰氯化而成。漂白粉的消毒作用与有效氯含量有关，其有效氯含量一般为25%～30%，但有效氯易失散，故应将漂白粉保存于密闭干燥的容器中，放在阴凉通风处，当有效氯低于16%时即不适用于消毒。所以在使用漂白粉前，应测定其有效氯含量。常用剂型有粉剂、乳剂和澄清液（溶液）。常用浓度1%～20%不等，视消毒对象和药品的质量而定。一般用于畜禽舍地面、水沟、运输车船、水井等消毒。本品对金属及衣服、纺织品有破坏力，使用时应加注意。漂白粉溶液有轻度的毒性，使用浓溶液时应注意安全。

（4）二氯异氰尿酸钠。为白色粉末，是新型广谱高效安全消毒剂，易溶于水、性能稳定易保存。以1∶200或1∶100水溶液可用于喷洒畜舍地面和笼具等进行消毒，1∶400用于浸泡消毒种蛋、器皿等。对细菌、病毒均有显著的杀灭效果。

（5）过氧乙酸（过醋酸）。过氧乙酸为强氧化剂，消毒效果好，能杀死细菌、真菌、芽孢和病毒，现用现配。除金属制品、橡胶外，可用于消毒各种物品，如0.2%溶液用于浸泡污染的各种耐腐蚀的玻璃、塑料、陶瓷用具和白色纺织品，0.5%溶液用于喷洒消毒畜禽舍地面、墙壁、食槽、木质车船等。由于分解后形成一些无毒产物，不遗留残药，因此能消毒水果、蔬菜和食品表面。一般用0.01%～0.5%溶液浸泡消毒（用0.03%溶液在25℃浸泡3 min可杀死填鸭外表污染的沙门氏菌）；用5%溶液按2.51 mL/m^{3}喷雾消毒密闭的实验室、无菌室、仓库、加工车间等；用0.2%～0.3%溶液在畜禽舍中喷雾，可作10日龄以上雏鸡和成鸡的带鸡消毒。本品高浓度溶液能使皮肤和黏膜烧伤，低浓度溶液对黏膜也有刺激性，使用时应注意。

（6）甲酚皂溶液（来苏儿）。甲酚皂溶液为钾皂制成的甲酚液皂化较好的来苏儿易溶于水，对一般病原菌具有良好的杀菌作用，但对芽孢和结核杆菌的作用较小。常用3%～5%

的溶液消毒畜舍、用具、日常器械等。

（7）克辽林。克辽林为油状黑褐色液体，是皂化的煤焦油产物，带焦油芳香气味，又称臭药水。杀菌作用不强，常用其5%～10%水溶液消毒畜舍、用具和排泄物等。

（8）新洁而灭、洗必泰、消毒净、度米芬。这4种都是季铵盐类阳离子表面活性消毒剂。新洁而灭为胶状液体，其余为粉剂。均易溶于水，毒性低、无腐蚀性、性质稳定、能长期保存、消毒对象范围广、效力强、速度快。对一般病原细菌均有强大杀灭效能。上述消毒剂的0.1%水溶液浸泡器械（需加0.5%亚硝酸钠以防锈）、玻璃、搪瓷、衣物、敷料、橡胶制品，用新洁而灭需经30 min，其余3种消毒剂经10 min即可起到消毒目的。皮肤消毒可用0.1%新洁而灭溶液，或用0.02%～0.05%洗必泰、消毒净或度米芬的醇（70%）溶液，消毒效果与碘酊相等。0.01%～0.02%洗必泰用于伤口或黏膜冲洗消毒。使用这些消毒剂时，应注意避免与肥皂或碱类接触。

（9）双链季铵盐。本类消毒药对细菌有强杀灭作用。但与单链季铵盐一样，对病毒的杀灭作用较弱。此类消毒药目前市场上较多，如百毒杀等。

（10）环氧乙烷。环氧乙烷在低温下为无色透明液体，其气体穿透力强，有较强的杀菌能力，对细菌芽孢也有很好的杀灭作用。对大多数物品不造成损坏，可用于皮毛、皮革、丝毛织品、器械及包装物的熏蒸消毒。对人畜有毒性，使用时，用热水（80℃）对环氧乙烷容器加热，使之汽化。

（11）福尔马林。福尔马林为甲醛的水溶液，具有很强的消毒作用，2%～4%水溶液用于喷洒墙壁、地面、用具、饲槽等，1%水溶液可作畜体体表消毒。福尔马林也常用做畜舍、孵化器等的熏蒸消毒。待消毒的畜舍应先将畜禽、饲料、粪便等移去，将舍内待消毒的物品、橱柜、用具等敞开，门窗和通气孔尽量密闭。按每立方米空间用12.5～50 mL的剂量，加等量水一起加热蒸发，以提高相对湿度。福尔马林对皮肤、黏膜刺激强烈，可引起湿疹样皮炎、支气管炎，甚至窒息，使用时应注意人畜安全。

（12）菌毒敌。原名农乐，为一种复合酚类新型消毒剂，抗菌谱广，对细菌、病毒均有较高的杀灭效果，稳定性好，安全有效，可用于喷洒或熏蒸消毒。

5. 生物热消毒

生物热消毒法主要用于污染的粪便、垃圾等的无害化处理。在粪便堆沤过程中，利用粪便中的微生物发酵产热，可使温度高达70℃以上，经过一段时间，可以杀死病原体（芽孢除外）、寄生虫卵等而达到消毒目的，同时又保持了粪便的良好肥效，但不适用于由产芽孢的病菌所致疫病（如炭疽、气肿疽等）的粪便消毒，这种粪便最好予以焚毁。

五、影响消毒效果的因素

1. 消毒药的选择

一般病毒对碱、甲醛较敏感，而对酚类抵抗力强，大多数消毒药对细菌有很好的杀灭作用，但对形成芽孢的杆菌和病毒作用较小，而且病原体对不同的消毒药的敏感性不同，因此，在选用消毒药时应针对消毒对象，正确选择。

2. 消毒药浓度

使用消毒药前应仔细阅读说明书，根据不同对象和目的，按其消毒效果的最佳浓度进行配制。

3. 消毒时间

不同病原体对不同消毒药物敏感程度不一样，对杀灭病原体所需时间也不同，一般消毒时间越长，消毒效果越好。如药物喷洒后，一般要求至少保持 20 min 以上才可冲洗，注意减少对畜禽的应激，最好固定消毒时间，一般在中午、下午进行。

4. 温度和湿度

调控消毒剂的温度，使其达到最佳的消毒效果。消毒效果与温度相关，温度越高，效果越好。熏蒸等消毒方式，对湿度也有要求，一般要求相对湿度保持在 65%～75%。

六、使用消毒药的注意事项

1. 消毒药要求保存在阴凉、干燥、避光的环境下，否则会造成消毒药的吸潮、分解、失效。

2. 购买和使用消毒药要注意外包装上的生产日期和保质期，必须在有效期内使用。

3. 实际使用时，尽量不要把不同种类的消毒药混在一起，防止相拮抗的两种成分发生反应，削弱甚至失去消毒作用。

4. 消毒池内的消毒药应定期调换，以确保有效的消毒效果。

5. 免疫前后 1 天和当天（共 3 天）不喷洒消毒药，前后 2～3 天和当天（共 5～7 天）不得饮用含消毒药的水，否则，会影响免疫的效果。

七、杀虫

虻、蝇、蚊、蜱等节肢动物都是动物疫病的重要传播媒介。一些蚊蝇等昆虫传播传染病，如乙型脑炎、肉牛丹毒等，因此，杀灭这些媒介昆虫和防止它们的出现，在预防和扑灭动物疫病方面有重要的意义。常用的杀虫方法有：

1. 物理杀虫法

（1）以喷灯火焰喷烧昆虫聚居的墙壁、用具的缝隙等，或以火焰焚烧昆虫聚居的垃圾等废物。

（2）利用 100～160℃的干热空气，杀灭用具和其他物品上的昆虫及其虫卵。

（3）用沸水或蒸汽浇烫车船、畜舍和衣物上的昆虫。

（4）仪器诱杀，如某些专用灯具、器具。

（5）用机械的拍、打、捕、捉等方法杀灭昆虫。

2. 生物杀虫法

这是以昆虫的天敌或病菌及雄虫绝育技术等方法来杀灭昆虫。

3. 药物杀虫法

主要是应用化学杀虫剂来杀虫。根据对节肢动物的毒杀作用，药物杀虫剂可分为胃毒作用药剂、触杀作用药剂、熏蒸作用药剂和内吸作用药剂。目前使用的杀虫剂往往同时兼有两种或两种以上的杀虫作用，主要种类包括：有机磷杀虫剂、拟除虫菊酯类、杀虫剂、昆虫生长调节剂和驱避剂等。

第四节　雪灾后动物疫病防控要点

部分地区有时会遭受雪灾，冰雪融化后气温回升，容易造成口蹄疫、高致病性禽流感、高致病性猪蓝耳病、链球菌病、炭疽等多种疫病的发生和流行。

一、雪灾后易发生动物疫病流行的因素

1. 饲养环境

在雪灾中畜禽舍大部分毁坏，灾后恢复较慢，农民急于养猪、鸡等，致使防疫设施不健全，农户缺乏饲养管理技术。

2. 病原大量扩散

雪水融化后，粪便漫溢，死亡畜禽和各种污物随雪水流动，水源等环境受严重污染。同时，土壤中的病菌被雪水冲出来，使病原大量扩散，疫病极易流行。

3. 畜禽免疫力下降

雪灾过后，大部分畜禽抵抗能力下降，容易受到疫病的侵袭，需要按要求和免疫程序加强免疫。一些在正常年份不易发生的疫病，如炭疽病，也有可能发生。

二、雪灾后疫情防范重点

1. 做好灾后防病工作

根据动物疫病发生的特点，应重点做好的工作有：一是及时处理病死畜禽，二是对养殖场和畜禽舍消毒，三是加强免疫接种，四是防止畜禽采食霉变饲料中毒。

2. 立即上报死因不明的畜禽

对死亡不明的畜禽，要主动立即上报，切不可因一己之私，瞒报谎报。一是对死亡畜禽应由专业人员进行诊断，确定死亡原因，排除重大动物疫病；二是对疫病要做到早发现、早

诊断、早处理，减少经济损失；三是杜绝病原污染环境，造成疫病流行。一旦确诊为重大动物疫病，就要严格按照有关规定，由兽医主管部门及其疫控机构进行处理。

3. 严格执行“四不准一处理”处置措施

四不准即不准宰杀、不准食用、不准出售、不准转运，一处理即对死亡畜禽必须进行无害化处理。

4. 加强疫情监测工作

各级动物疫病预防控制机构要加强重大动物疫情监测工作，进一步加大受灾地区动物疫情监测和流行病学调查工作力度，对病死畜禽进行采样检测，及时发现问题，排除疫情隐患。充分发挥动物疫情测报体系和村级动物疫情报告观察员作用，及时汇总分析灾区动物疫情的发展态势，防止疫情发生。养殖户切不可贪图小利将病死畜禽流入市场。

5. 严禁食用病死禽畜及未经检疫的肉类制品

灾区必须高度重视食品卫生安全，要食用有检疫证明的肉类制品。对于病死禽畜要深埋焚烧处理，切不可食用，食用未经检疫的肉类制品容易引起中毒等公共卫生事故，极易造成疫病流行。

三、受害地区病死畜禽的处理

对于没有进行口蹄疫、猪瘟、鸡新城疫和高致病性蓝耳病免疫接种的畜禽，要立即补免。对已经进行免疫接种的畜禽，根据免疫抗体检测情况及周边疫情情况，必要时强化免疫一次。灾后补栏增养也需要及时防疫。对于其他畜禽传染病，也要根据疫情动态，做好预防接种工作。

雪灾后各种病死畜禽应及时处理。受灾过程中，不少畜禽被冻死和倒塌的房屋砸死。由于死亡畜禽体内带有大量微生物，如不及时进行无害化处理，任其腐烂发臭，病菌会到处扩散，不仅污染环境，还容易引起人畜疫病的流行。

最简单有效的处理方法是深埋，深埋应选择高岗地带，坑深在 2 m 以上，尸体入坑后，撒上石灰或消毒液，覆盖厚土。有条件的地方也可焚烧处理。

四、雪灾发生后的重点工作

1. 防止一氧化碳中毒

雪灾期间，温度降低，有些畜禽舍利用煤炉等取暖，容易产生一氧化碳。一氧化碳为无色、无嗅、无刺激性的窒息性气体，如果动物长期吸入少量或一次性吸入较大量的一氧化碳，救治不及时，可很快呼吸抑制而死亡。畜禽圈舍内用煤火炉要安装烟道密闭完全的烟囱，用炭火盆取暖时也要注意空气流通。

一旦发生煤气中毒，应迅速将病畜转移到空气新鲜处，并注意保暖，严重的到兽医院救治。

2. 预防霉变饲料中毒

雪灾后，易引起饲料霉变，其中的霉菌能引起动物中毒。中毒后，一般动物体温正常，粪便干燥，有呕吐症状。有的出现神经症状，严重的出现死亡。全身多处部位包括内脏出血，肝脏有坏死。

霉变饲料中毒没有有效的治疗方法，重在预防，严禁饲喂腐败、变质或霉变的饲料。注意饲料的保质期，防止食用过期饲料。

3. 防止呼吸道传染病

冻雪后，气温变化很大，动物机体抵抗力较弱，容易发生呼吸道传染病，老弱畜禽更容易患病。因此，既要注意保暖，又要注意通风。

4. 进行卫生消毒

“灾情之后防大疫”是重中之重的防范工作，利用消毒方法与措施，消灭自然环境中的病原微生物。为消灭环境中的病原体，切断传播途径，预防和控制传染病的流行，保障人畜健康，必须进行兽医卫生大消毒。

灾区的受灾养殖场（户）要主动配合兽医部门指导的消毒工作，规模养殖场、养殖小区要加强防疫管理，落实卫生消毒、病死畜禽和粪污无害化处理等防疫措施，防止疫情发生。

五、雪灾后畜禽饲养管理

1. 预防畜禽发生冻伤

冰雪（冻雨）对畜禽的伤害主要是因严寒引起的冻伤、冻僵、冻昏迷和冻死。最主要的预防措施是：一是畜禽舍保暖；二是尽量保持畜禽舍干燥；三是尽量多饲喂高热量的饲料，可以起到御寒的作用；四是多喂热食，保持体温；五是正确救治冻伤的畜禽。

2. 确定消毒范围

雪灾过后要指导灾区养殖场（户）做好圈舍及周围环境的清扫消毒工作。

（1）要做好畜禽舍积雪的清扫工作。

（2）要对所有圈舍进行一次全面消毒。消毒重点是畜禽舍、屠宰场、畜禽及其产品加工销售场地、仓库、中转场地、牲畜市场、农贸市场、饮水源、畜禽运输车辆、用具等。

（3）要进一步完善卫生消毒、病死畜禽无害化处理等防疫制度。组织养殖场及时处置死亡畜禽，对在野外发现的动物尸体也要及时进行无害化处理。

3. 灾后种畜禽引进

由于灾区种畜种禽普遍不足。灾后农民急需补栏，可能需要到外地调运，稍有不慎，就会带进疫病，引起疫病的流行和传播。灾后补栏需要及时防疫，注意避免从疫区引进种畜禽。

4. 加强应急物资储备

做好应急物资储备，一是储备防护服；二是储备免疫用疫苗；三是储备消毒用药品；四是储备应急治疗用药品。一旦发生重大动物疫情，确保能及时启动相应级别应急预案，及时报告和处置突发疫情，防止扩散蔓延。

第五节　科学合理用药

一、药物不合理使用的表现

1. 添加药物种类过多

总想把所有能用药物预防的疫病都通过添加药物来控制，认为添加的药物种类越多越保险，这样不仅造成不必要的浪费、增加了动物机体的负担，甚至造成中毒和药物残留，而且由于长期使用这些药物，一旦发病，其对药物敏感性均大大降低，找不到合适药物，使疫情很难控制。

2. 用药时间过长、剂量过大

有些养殖场担心发生疫情，饲料中一年到头药物不断。另外，处于竞争目的，大多数饲料厂为了显示本厂的饲料具有防病、促生长作用，都在饲料中加入不同种类和剂量的抗菌药物，造成养殖场的被动用药，致使动物用药时间过长。

3. 药物使用剂量不准

应用抗菌药时，药物要达到适当的剂量才能在动物机体内产生有效浓度，发挥药物的治疗作用。有些养殖场为了节约养殖成本或贪便宜所买的药品有效成分含量不足，药效过小，不仅起不到治疗疾病的作用，而且易产生耐药菌株。或者受到某些传言误导、受假药所害，或治病心切，认为大剂量效果好，导致抗菌药的临床用量越用越大，长期超量使用，甚至联合用药也不减量，例如青霉素和链霉素合用，两药均可减量到原用量的 2/3，但是有些养殖场在治疗时还在常规用量上加大用量，不仅不能增加疗效，还可能产生毒副作用。临床用药很重要的一点是必须保护微生态平衡，防止正常菌群的流失。而超量使用易造成畜禽体内（如口腔、消化道等）菌群失调，微生态平衡被破坏，潜伏在体内的大肠杆菌、沙门氏杆菌会趁机大量繁殖，引起内源性感染。由于大剂量的使用，将其体内生态环境中的微生物杀死，使外源性微生物顺利进入，造成外源性感染。所以不可随便加大剂量，只要使之达到最低有效杀菌浓度或抑菌浓度即可。

4. 不明病因滥用药

通过确切诊断，才能了解致病菌毒，从而选择对病原菌较敏感的药物。畜禽防治中应尽力避免无指征或指征不强的情况下使用抗菌药，例如各种病毒性感染（但控制细菌性继发或混合感染除外)，但在临床上常常出现逢病就用药的现象，例如猪流感是由病毒引起的，但常见用抗生素治疗的现象，而且是一种无效再换一种，不但造成药物浪费，还导致细菌产生耐药性，增加毒副作用。另外，许多技术人员在未作出正确诊断前往往依据经验判断疫病，匆匆用药，治疗无效时，又频繁更换药物，这样做不但不能及时控制疾病，反而增大药费开支，造成更大的经济损失。

5. 给药途径不当

选择合适的给药途径是取得疗效的保证，直接关系到药物能否在动物体内达到并维持足够的有效浓度。临床上常见某些技术人员在诊断正确及药物选择恰当的情况下，不根据畜禽的疾病状况及药物本身的特性给药，而是选择自认为方便或有效的给药途径，结果未能达到预期治疗效果。所以药品的使用应按照要求操作，否则难以达到防治疾病的目的。例如大多原料药的适口性、水溶性不好，而猪的嗅觉、味觉发达，用原料药混饲时会不吃或吃得少，或用原料药饮水给药，导致药物沉淀在水槽下面，实际上刚开始饮到的水里没有多少药，而沉淀下来的药物颗粒极易引起中毒。在给药方法不当导致治疗无效后，又给兽医及技术人员造成药物选择错误和误诊的假象。

二、药物使用的原则

1. 安全用药

（1）防毒害。链霉素与庆大霉素、卡那霉素配合使用其药物残留会加重对听觉神经中枢的危害。家禽对敌百虫很敏感应避免使用。盐霉素抗球虫效果较好但它对马属动物有害，所以盐霉素抗球虫药物不能用于马属动物只能用于猪、牛、兔、禽等。

（2）防残留。有些抗菌药物因为代谢较慢用药后的动物产品可能会对人体造成危害。因此，这些药物都有休药期的规定，用药时必须充分注意用药后的动物产品可能会对人体造成的危害。

（3）不用禁药。不使用禁用药物、过期药物、变质药物、假劣药物和淘汰药物，因为这些药物不但对防治畜禽疾病无效，还会使畜禽产生抗药性和药物残留。

2. 合理用药

（1）对症合理用药。使用药物时一定要根据病情对症用药，不要贪图价格便宜或只认准新药物，不要为了疗效而不顾消费者的健康。要依病情科学、合理地选择和使用药物。

（2）严格用药剂量。用药剂量过小，达不到治病的效果和目的，但是药剂量也不宜过大，用药剂量过大不但造成药物浪费，还会引起药害。过量使用抗生素，还会使病原微生物产生耐药性，给防治带来困难。

（3）最佳时机用药。一般用药越早效果越好，特别是微生物感染性疾病，及早用药可以迅速、有效控制病情。但是对于细菌性痢疾造成的腹泻，则不宜过早止泻，因为过早止泻会使病菌无法及时排除，使其在畜禽体内大量繁殖，其结果不但不利于病情好转，反而会引起更为严重的腹泻。一般对症治疗的药物不宜早用，因为早用这些药物虽然可以缓解症状，但在客观上会损害畜禽机体的保护性反应机能，掩盖疾病真相，给诊断和防治带来困难。

3. 有效用药

（1）充分考虑药物的特性。内服能吸收的药物，可以用于畜禽全身感染类疾病，内服不能吸收的药物只能用于畜禽胃肠道感染。一般的抗菌药物很少能进入脑脊液，只有磺胺嘧啶钠等可以进入，因此，治疗脑部感染时应首选磺胺类药物。

（2）选择合适的用药途径。苦味健胃药如龙胆酊、马钱子酊等，只有通过口服的途径，才能使畜禽刺激味蕾、反射性地提高食物中枢的兴奋性，加强唾液和胃液的分泌，发挥药物的疗效。如果使用胃管投药，药物不经口腔直接进入胃内，则起不到健胃的作用。

（3）注意药物的有效浓度。肌肉注射卡那霉素，有效浓度维持时间为 12 h。因此，连续肌肉注射卡那霉素，间隔时间应在 10 h 以内。青霉素粉针剂一般应每隔 4～6 h 重复用药 1 次，油剂普鲁卡因青霉素则可以间隔 24 h 用药 1 次。

（4）尽量选用效能多样或有特效的药物。幼畜禽发生黄痢、白痢时，应尽早选用黄连素；弓形体和附红细胞体混合感染时应尽量选用血虫净；安普霉素治疗家禽的大肠杆菌、沙门氏杆菌感染，疗效非常显著。

（5）注意药物之间的配伍禁忌。酸性药物与碱性药物混用后会使药效降低或丧失，禁止混用；口服活菌制剂时应禁用抗菌药物和吸附剂；磺胺类药物能与多种药物（如青霉素、四环素类、碳酸氢钠、维生素 C 等）产生配伍禁忌，应单独使用，特别是磺胺嘧啶钠注射液与大多数抗生素配合都会产生浑浊、沉淀或变色现象，不应混用。

（6）注意动物的种属差异。猪犬属于易呕吐的动物，在猪犬发生中毒的初期，可选用催吐药，但马属动物中毒，不可投喂催吐药。

（7）防止影响免疫反应。抗菌素和磺胺药对某些活疫苗（如猪丹毒疫苗、仔猪副伤寒疫苗等）的主动免疫过程有干扰作用，这是因为菌苗中的微生物被抑杀，影响抗体产生所致。因此，在注射疫苗的前后几天内，不能应用抗菌药物。

（8）必须强调综合性的治疗措施。在使用抗菌药时必须根据动物疾病发生、发展情况，同时采取综合性的治疗措施例如加强饲养管理，增强动物机体的抵抗力，须遵循科学、合理的药物预防原则，采取正确的药物防治策略和措施。

4. 记录用药情况，切勿使用禁用药物，遵守休药期规定

要对免疫情况、用药情况及饲养管理情况进行详细登记，必须按照兽药的使用对象、使用期限、使用剂量以及休药期等规定严格使用兽药。遵守用药规定，及时停药。必须填写用药登记，其内容至少包括用药名称、用药方式、剂量、停药日期，并将处方保留 5 年。饲养畜禽过程中要严格用药管理，要严格执行国家有关饲料、兽药管理的规定，严禁在饲养过程中使用国家明令禁止、国际卫生组织禁止使用的药物。

要按照有关规定要求，根据药物及其停药期的不同，在畜禽出栏或屠宰前，或其产品上市前及时停药，以避免残留药物污染畜禽及其产品，进而影响人体健康。

5. 合理选择给药方法

畜禽群体给药最常用的有注射给药、饮水给药和拌料给药。

(1) 方法选择。一般严重感染时多采用注射给药，养殖量较少比较易于捕捉时采用注射给药法，一般感染或消化道感染时，由于畜禽群个体多、捕捉麻烦及注射时致畜禽群应激大等原因，一般不用注射法（一些疫苗接种除外），而主要是用口服给药，以饮水或拌料内服为宜。对严重消化道感染则采用注射给药法，并配合饮水法或拌料法同时进行。饮水给药要注意药物要能溶于水，饮用水要清洁，若是用氯消毒的自来水，应先用容器装好露天放置1～2天，使余氯挥发掉，以免药物效果受影响。调药液时，药液浓度要均匀，饮水给药前应断水2 h左右（具体时间长短要视气温而定），药物用水量要以畜禽在1 h内能饮完为好，并保证水位充足，让所有畜禽能同时饮水。拌料给药适合于难溶于水或不溶于水的药物，药物拌入饲料应从小堆到大堆，反复多次，要达到拌药均匀，开料时要保证有充足的料位，让所有畜禽能同时进行采食。饮水给药与拌料给药两种方法比较，以用饮水方法为好，因为畜禽群发病时出现采食量下降，而饮水量增加，此时用拌料给药则对发病畜禽的实际食入剂量很难达到要求。

(2) 不同给药特点。注射给药法具有操作简便、剂量准确、药效发挥迅速、稳定等特点；饮水和拌料给药适合大群投药，对于溶解性强、易溶于水的药物，且配制药液浓度均衡一致的，采用饮水给药，但禁止在流动水中投药，避免药液浓度不均匀影响疗效或发生中毒；对于难溶于水或不溶于水且疗效较好的抗菌素采用拌料给药的方法。

三、掌握投药量和用药疗程

1. 恰当使用抗菌素剂量

药量太小起不到治疗的作用，药量太大造成浪费，并可能引起畜禽机体严重反应。因此，使用药物剂量要以说明书的规定为标准。用药时应使血中有效浓度迅速达到治疗水平，所以许多药物使用时应首次加倍，以后要以维持正常有效浓度的剂量（即平常应用剂量）给药一段时间，保证药效作用。药物剂量、疗程时间的掌握，是以药品介绍的推荐量作为参照标准。预防性给药时，应特别注意做到有的放矢，因为预防剂量常常是低剂量、长时间给药，如果没有针对性地投药，结果只是有百害而无一利，药费花了，病未防住，同时病原体产生了耐药性。一旦这种疫病真正发生流行时，只能是使可选择的敏感性药更少，治疗难度更大。抗菌素的使用疗程要因畜禽体质、病情轻重而定。一般情况下连续用药3～5天，直到症状消失后再用2～3天，以巩固疗效。

2. 注意适时地停药

过早停药易出现病情反复，过迟停药又形成不必要的浪费，一般急性病的疗程为3～5天，慢性病或预防性给药为7天左右。应避免畜禽肉蛋的药残而危害人类健康。使用药物的畜禽产品上市前停药期是根据药物代谢而决定的，一般在药品说明书上都注明了具体时间，应严格按说明要求时间停药，使畜禽产品上市时药物残毒能基本排清。使用毒性大的药物时注意用药量及疗程的控制，防止畜禽中毒现象的发生。

3. 避免病原体耐药性的产生

交替用药是一种好的方法。抗菌素在使用一段时间后会产生耐药性，为避免耐药现象的发生，可采取通过药敏试验来选择抗菌素种类；一种抗菌素用过一段时间以后要更换另一种抗菌素。如球虫极易产生耐药性，目前还没有哪种球虫药在一个养殖场能长期不变地有效使用下去。采用两三个月换一种抗球虫药能起到较好的球虫病防治效果，而且药物成本也并不高。

4. 有效发挥抗菌素联合抗菌功效，避免药物禁忌

为了有效发挥抗菌素的药效，常将两种或两种以上的药物配合使用来提高药效。但在药物使用时，尽量避免配伍禁忌，以充分发挥抗菌素联合抗菌功效。有些药物对畜禽毒性较大，使用时要慎重，掌握好剂量、疗程、给药方法等，避免中毒发生。

（1）抗菌素的使用与提高群体自身免疫力、增强畜禽体质相结合。在畜禽病防治过程中，通过给畜禽群体接种菌苗来提高群体自身的免疫力，防止疾病的发生。

（2）抗菌素的使用与改善饲养管理和卫生消毒工作相结合。群体发病用抗菌素治疗只是控制疾病的一个方面，还需要平时加强饲养管理和卫生消毒。

（3）明确抗菌素治疗的局限性，树立“防重于治”的观念。

四、常用的药物及使用

1. 黄芪多糖类药物

（1）药理作用。免疫增强剂，能诱导动物机体产生干扰素，调节其免疫功能，促进抗体形成，主要用于增强疫苗效果，提高畜禽免疫力和抗病能力。在各种疾病流行、暴发期间使用可提高畜禽免疫力。

（2）用法用量。混饲：本品 100 g 拌料 500 kg；混饮：本品 100 g 兑水 1 000 kg，连用 3～5 天。

2. 板蓝根类药物

板蓝根含有多种抗病毒物质及抗革兰氏阳性和阴性细菌的抑菌物质，具有清热解毒、凉血利咽、抗菌抗病毒、提高机体免疫力、恢复食欲等作用。其注射液对预防和治疗各种病毒性疾病和混合感染有很好的协同作用。适用于蓝耳病病毒感染、流行性腹泻、传染性胃肠炎、流行性感冒、圆环病毒、猪瘟、伪狂犬、水疱病等。使用时肌肉注射，针对畜禽每 kg 体重 0.1 mL～0.2 mL。

3. 抗生素

（1）青霉素。主要用于对青霉素敏感的病原菌引起的各种感染，如呼吸系统感染、猪丹毒、炭疽、败血症等。对各种螺旋体和放线菌都有强大的抗菌作用。苯唑青霉素、邻氯青霉

素、双氯青霉素、苄青霉素则对耐青霉素G的金黄色葡萄球菌所致的呼吸道感染、乳腺炎、创伤感染及败血症等有可靠的疗效。

（2）链霉素。主要用于各种对此药敏感病原菌引起的急性感染，如大肠杆菌引起的肠炎、白痢、乳腺炎、子宫炎、败血症和膀胱炎、鹅卵黄性腹膜炎等。志贺氏菌引起的脓毒败血症（化脓性肾炎和关节炎）。马棒状杆菌引起的幼驹肺炎。巴氏杆菌引起的牛出血败血症、犊脐炎、猪肺疫和禽霍乱等。

（3）庆大霉素。为广谱抗菌素，对大多数革兰氏阴性菌如大肠杆菌、绿脓杆菌、沙门氏菌、布氏杆菌等有抗菌作用，据临床证明庆大霉素对呼吸道、肠道、泌尿道等部位感染有明显的疗效，是治疗犊牛败血症型、毒血症和肠炎型大肠杆菌病的高效药物。

（4）四环素类（土霉素、四环素）。四环素类抗生素适用于治疗和预防幼畜副伤寒、猪气喘病、牛出血性败血症、猪肺疫、犊、仔猪和雏鸡白痢、炭疽、青霉素治疗无效的急性呼吸道感染和布氏杆菌病等。

第六节　免疫接种

一、我国兽用生物制品分类

应用微生物（细菌、噬菌体、立克次体、病毒等）、微生物代谢产物、寄生虫和动物的毒素，人或动物的血液、组织等，直接制成或用现代生物技术、化学方法制成，作为预防、治疗、诊断特定传染病或其他有关疾病的制剂，统称生物制品。我国现在生产的兽用生物制品，按照其用途分为预防用生物制品、治疗用生物制品和诊断用生物制品。

1. 预防用生物制品

（1）疫苗。用于人工主动免疫的生物制剂可统称为疫苗，是用病毒或立克次体接种于动物、鸡胚，或经组织培养后加以处理制造而成，包括用细菌、支原体、螺旋体和衣原体等制成的菌苗、用病毒制成的疫苗和用细菌外毒素制成的类毒素，例如，乙型脑炎疫苗、狂犬疫苗等。

（2）菌苗。可分为死菌苗及活菌苗两种。死菌苗一般选用免疫性好的菌种在适宜培养基上生长、繁殖后，将细菌处死即成，如霍乱菌苗、百日咳菌苗、钩端螺旋体菌苗、哮喘菌苗等。这类菌苗进入畜禽机体后，不能生长繁殖，对畜禽刺激时间短，产生免疫力不高，如需要使畜禽获得较高而持久的免疫力，必需多次重复注射。活菌苗一般选用无毒或毒力很低但免疫性很高的菌种培养繁殖后制成，如猪丹毒活疫苗等，这类菌苗进入畜禽机体后，能生长繁殖，对畜禽刺激时间长，与死菌苗相比，活菌苗具有接种量小、接种次数少、免疫效果较好、维持免疫时间较长等优点。

(3) 类毒素。用细菌产生的外毒素，加入甲醛后，变为无毒性但仍有免疫性的制剂，称为“类毒素”，如破伤风类毒素、白喉类毒素等。

(4) 虫苗。虫苗是利用病原虫体除去或减弱它对动物的致病作用而制成，例如鸡球虫病三价活疫苗。

2. 治疗用生物制品

(1) 抗血清。动物经反复多次注射某种病原微生物时，会产生对该病原微生物的高度抵抗能力。采取这种动物的血液提取血清，经过处理就可制成抗血清，主要用于治疗传染病，也可用于紧急预防，如抗小鹅瘟、抗传染性法氏囊血清等。

(2) 抗毒素。动物经反复多次注射细菌类毒素或毒素所得到的免疫血清经过处理即可制成抗毒素，主要用于治疗和紧急预防传染病，如破伤风抗毒素。

3. 诊断用生物制品

诊断用生物制品是指利用病原微生物本身或它生长繁殖过程中的产物，或利用某种动物机体中自然具有的或经病原微生物及其他蛋白物质刺激而产生的一些物质制造出来的，用于检测相应的抗体、抗原、抗原或抗体致敏血清、免疫扩散板等，包括菌素、毒素、诊断血清、分群血清、分型血清、因子血清、诊断菌液等，如用于诊断结核病的结核菌素、马传染性贫血琼脂扩散试验抗原、炭疽沉淀素血清等。

二、免疫接种

免疫接种是指用人工方法将疫苗引入动物体内刺激动物机体产生特异性免疫力，使该动物对某种病原体由易感转变为不易感的一种疫病预防措施。根据免疫接种进行的时机不同，可将其分为预防接种和紧急接种两类。

1. 预防接种

在经常发生某些传染病的地区，或有某些传染病潜在的地区，或经常受到邻近地区某些传染病威胁的地区，为了防患于未然，在平时有计划地给健康畜禽进行的疫苗免疫接种，称为预防接种。

2. 紧急免疫

紧急免疫是指在发生传染病时，为了迅速控制和扑灭疫情而对疫区和受威胁区尚未发病的畜禽进行的应急性免疫接种。

在疫区应用疫苗紧急接种时，必须对所有受到传染威胁的畜禽逐头逐只进行详细观察和检查，仅能对正常无病的畜禽以疫苗进行紧急接种。对病畜禽及可能已受感染而处于潜伏期的畜禽，必须在严格消毒的情况下直接隔离，不能再接种疫苗。由于在外表正常无病的畜禽中可能混有一部分潜伏期的病畜禽，这一部分病畜禽在接种疫苗后不能获得保护，反而会促使其更快发病或死亡，因此在紧急接种后的短期内，畜禽群中发病动物的数量有可能增多，但由于这些急性传染病的潜伏期较短，而疫苗接种后大多数未感染动物很快就能产生抵抗力，因此发病率不久即可下降，最终使疫情很快停息。某些流行性强大的传染病如禽流感和口蹄疫等，其疫点周围 5～10 km 以上为受威胁区，必须进行紧急接种，其目的是建立“免疫带”包围疫区，防止扩散蔓延。但这一措施必须与疫区的封锁、隔离、消毒等综合措施相配合才能取得较好的效果。

3. 免疫程序

免疫程序是指根据一定地区、养殖场或特定动物群体内传染病的流行状况、畜禽健康状况和不同疫苗特性，为特定动物群制定的接种计划，包括接种疫苗的类型、顺序、时间、次数、方法、时间间隔等。

不同的传染病其免疫程序也不相同。例如，鸡马立克氏病和鸡痘一般只用弱毒活疫苗免疫一次，而鸡新城疫和传染性支气管炎则要用弱毒活疫苗和灭活苗免疫多次。每种传染病的免疫程序组合在一起就构成了一个地区、养殖场或特定动物群体的综合免疫程序。每种传染病的免疫程序之间都有密切联系，某种传染病免疫程序的改变往往会影响到其他传染病的免疫程序。因此，对于一个地区或养殖场来说，制定免疫程序是一项非常严肃的工作，应该考虑各方面的因素。凡是有条件能做免疫监测的，最好根据免疫监测结果即抗体水平变化结合实际经验来指导、调整免疫程序。

4. 被动免疫

被动免疫是指将免疫血清或自然发病后康复动物的血清人工输入未免疫的动物机体，使其获得对某种病原的抵抗力。例如抗小鹅瘟病毒血清可防治小鹅瘟，抗鸡传染性法氏囊病毒血清可防治鸡传染性法氏囊病等。采用人工被动免疫注射免疫血清可使抗体立即发挥作用，无诱导期，免疫力出现快，但免疫力维持时间短，一般维持 1～4 周。

5. 疫苗的保持、运输和使用

（1）要使用国家或农业部指定的正规生物药品厂家生产的疫（菌）苗。过期、破损的均不得使用。

（2）运输时应注意包装严密，尽量缩短运输时间。在运输和保存中应避免强光、暴晒、高温造成损坏。

（3）应使用正规疫苗运输工具，或装入有冰块的保温瓶或桶内运输。以禽流感、口蹄疫、猪蓝耳病疫苗为例，最适宜的温度为 2～14℃，长期保存温度为 2～8℃，猪瘟疫苗的保存温度为－15℃，具体情况应仔细阅读各种疫苗的说明书。瓶口开封后的疫苗不能再保存。

（4）严格按说明书规定的方法稀释、注射。失去真空的疫苗不要再继续使用。现配现用，疫苗稀释液以后，应放在冷暗处，在稀释后 2 h 内用完。饮水免疫应在 2 h 内饮完，其他疫苗也应稀释后及时使用。

（5）使用后的活菌苗不可随意丢弃，应深埋或炉火烧掉。使用时，应将疫苗充分摇匀，使用前器具要严格消毒，注射时最好每注射一头换一个针头。用过的疫苗瓶、器具、稀释后剩余的疫苗等污染物必须消毒处理。

（6）注射疫苗的部位应用碘酒、酒精消毒，并防止消毒剂渗入针头或管内，以免影响疫苗活性，降低效果。

（7）注射疫苗结束后要做好记录。将每一种疫苗的名称、编号、类型、规格、生产厂家和有效期、批号，以及接种人员姓名和接种日期等详细登记在记录本上，方便以后抽查监测免疫效果。

（8）对病态、体弱的畜禽暂不宜接种疫苗，待病愈或体质恢复后补注。注射疫苗时出现应激反应，如体温升高、发抖、呕吐等症状时，一般一两天后可自行恢复，重者可注射肾上腺素。在免疫接种前后 10 天内尽量不用抗生素类药物，以免影响免疫效果。

6. 免疫接种的方法

免疫接种常用的方法有点眼、滴鼻，皮下注射、肌肉注射、刺种，口服法、饮水、气雾等，在实际中应根据疫苗的种类、性质及养殖场的具体情况决定采用，既要考虑工作方便、经济划算，又要考虑免疫效果。

（1）点眼、滴鼻。这是使疫苗通过上呼吸道或眼结膜进入体内的一种接种方法，适用于新城疫Ⅳ系疫苗、传染性支气管炎疫苗及传染性喉气管炎弱毒苗、鸡传染性法氏囊炎等疫苗的接种。这种接种方法尤其适合于幼雏，可以保证每只鸡普遍得到免疫，且剂量一致，得到最佳的免疫效果。一般认为点眼、滴鼻是弱毒疫苗接种的最佳方法。

（2）刺种。刺种法适用于鸡痘疫苗、鸽痘疫苗等疫苗的接种。接种时，将 1 000 羽份的疫苗用适当的生理盐水稀释，充分摇匀，然后用接种针蘸取疫苗，刺种于家禽翅膀内侧无血管处，雏禽刺种 1 针，成年家禽刺种两针。鸽痘疫苗可在鼻瘤处刺种。

（3）肌肉注射。肌肉注射适用于猪瘟活疫苗、鸡新城疫Ⅰ系活疫苗、口蹄疫疫苗等免疫接种。此法作用迅速，效果好，尤其对于种畜禽最好采用此法。灭活疫苗采用肌肉注射，不能口服，也不能用于点眼、滴鼻。鸡新城疫Ⅰ系疫苗的肌肉注射效果比点眼、滴鼻好。肌肉注射的部位，以翅根部肌肉为好，也可采用胸部肌肉注射，但进针时要注意，不要垂直刺入，针头与注射部位呈 30°角，以免伤及肝脏、心脏而造成死亡。

（4）皮下注射。皮下注射是将疫苗注入畜禽的皮下组织，如对犬常用皮下注射的方法，接种马立克氏病疫苗，多采用颈背部皮下注射。皮下注射时疫苗通过毛细血管和淋巴系统吸收，疫苗吸收缓慢而均匀，维持时间长，但严禁注射到颈部肌肉内。

（5）气雾法。此法是压缩空气通过气雾发生器，使稀释疫苗形成直径 1～10 μm 的雾化粒子，均匀地浮游于空气中，随呼吸而进入畜禽的体内，以达到免疫的目的。进行气雾免疫时注意：用于气雾免疫的疫苗必须是高效的，而且根据需要可以加倍剂量；稀释疫苗最好用去离子水或蒸馏水，水中可加入 0.1%的脱脂奶粉或明胶，水中不能含有任何盐类，以免雾粒喷出后迅速干燥引起盐类浓度提高，从而影响疫苗病毒的活力；雾粒大小要适中，一般以喷出的雾粒中有 70%以上直径在 1～10 μm 为好。雾粒过大，停留在空气中的时间太短，容易被黏膜阻止，不能进入呼吸道，雾粒过小，则易被呼气排出；喷雾时房间应密闭，保持一定的温度和湿度（18～24℃，相对湿度 70%以上）减少空气流动，应避免阳光直射，喷雾完毕 20 min 后开启门窗。

(6) 饮水法。对于大型养殖场，畜禽数量较多，逐只免疫费时费力，对群体影响较大，且不能在短时间内达到整体免疫。因此，在生产实践中可用饮水免疫。饮水免疫目前主要用于鸡新城疫系弱毒苗、传染性支气管炎 H120、H52 弱毒苗、传染性法氏囊病弱毒苗的免疫。饮水免疫虽然省时省力，但由于种种原因会造成畜禽饮入疫苗的量不均一，抗体效果参差不齐。

为使饮水免疫达到预期效果，必须注意：用于稀释疫苗的水必须十分洁净，不得含有重金属离子，必要时可用蒸馏水；饮水器具要十分洁净，不得残留消毒剂、铁锈、有机污染物；饮水器具要充足，必须保证所有的畜禽在短期时间内饮到足够量的含疫苗水。

用于饮水免疫的疫苗必须是高效价的，且剂量加倍，为保证疫苗不被重金属离子破坏，可在水中加入 0.1%的脱脂奶粉。

三、免疫接种注意事项

1. 预防接种应有周密的计划

为了做到预防接种有的放矢应对当地各种传染病的发生和流行情况进行调查了解，弄清楚存在哪些传染病，在什么季节流行。据此拟订每年的预防接种计划。例如，某些地区为了预防猪瘟、猪丹毒、猪肺疫等传染病，要求每年全面定期接种两次，尽可能做到头头接种，在两次间隔期间，每月或每半月要检查一次，对新生小猪和新引进的猪只，及时进行补种，以提高防疫密度。

有时也进行计划外的预防接种。例如引进或运出畜禽时，为了避免在运输途中或到达目的地后暴发某些传染病而进行的预防接种。一般可采用抗原激发免疫（接种疫苗、菌苗、类毒素等），若时间紧迫，也可用免疫血清进行被动免疫，后者可立即产生保护力，但维持时间仅半个月左右。

如果在某一地区过去从未发生过某种传染病，也没有从别处传进来的可能时，则不必进行该传染病的预防接种。

预防接种前，应对被接种的畜禽进行详细的检查，特别注意其健康状况、年龄大小、是否正在怀孕或泌乳，以及饲养条件的好坏等。成年、体质健壮或饲养管理条件较好的畜禽，接种后会产生较坚强的免疫力。反之，接种后产生的抵抗力就差些，也可能引起较明显的接种反应。怀孕母畜，特别是临产前的母畜，在接种时由于驱赶、捕捉等影响或者由于疫苗所引起的反应，有时会发生流产或早产，或者可能影响胎儿的发育。泌乳期的母畜或产卵期的家禽预防接种后，有时会暂时减少产奶量或产卵量。所以，对那些幼龄、体质较弱、有慢性病和怀孕后期的母畜，如果不是已经受到传染的威胁，最好暂时不接种。对那些饲养管理条件不好的畜禽，在进行预防接种的同时，必须创造条件改善饲养管理。

接种前，应注意了解当地有无疫病流行，如发现疫情，则首先安排对该病的紧急防疫。如无特殊疫病流行则按计划进行定期预防接种。一方面组织力量向群众做好宣传发动工作；

一方面准备疫苗、器材、消毒药品和其他必要的用具。接种时防疫人员要本着全心全意为人民服务的精神，爱护畜禽，做到消毒认真，剂量、部位准确。接种后，要向群众说明应加强饲养管理，使机体产生较好的免疫力，减少接种后的反应。

疫苗接种后经过一定时间（10～20 天），应检查免疫效果。尤其是改用新的免疫程序及疫苗种类时更应重视免疫效果的检查，目前常用测定抗体的方法来监测免疫效果。这样可以及早知道是否达到预期的免疫效果。如果免疫失败，应尽早、尽快补防，以免发生疫情。

2. 应注意预防接种的反应

免疫接种后，要注意观察动物接种疫苗后的反应，如有不良反应或发病等情况，应及时采取措施，并向有关部门报告。预防接种发生反应的原因很复杂，是由多方面原因造成的。生物制品对动物机体来说，都是异物，接种后总有个反应过程，不过反应的性质和强度可以有所不同。在预防接种中成为问题的不是所有的反应，而是指不应有的不良反应或剧烈反应。所谓不良反应，一般认为就是经预防接种后引起了持久的或不可逆的组织器官损害或功能障碍而致的后遗症。反应可分为下列三种类型：

（1）正常反应。是指由于生物制品本身的特性而引起的反应，其性质与反应强度随生物制品而异。例如，某些生物制品有一定毒性，接种后可以引起一定的局部或全身反应。有些生物制品是活菌苗或活疫苗，接种后实际是一次轻度感染，也会发生某种局部反应或全身反应。

（2）严重反应。此类反应和正常反应在本质上没有区别，但程度较重或发生反应的动物数超过正常比例。引起严重反应的原因：生物制品质量较差；使用方法不当，如接种剂量过大、接种技术不正确、接种途径错误等；个别动物对某种生物制品过敏。这类反应通过严格控制产品质量和遵照使用说明书可以减少到最低限度，只有在个别特殊敏感的动物中才会发生。

（3）合并症。是指与正常反应性质不同的反应，主要包括超敏感（血清病、过敏休克、变态反应等），扩散为全身感染（由于接种活疫苗后，防御机能不全或遭到破坏时可发生）和诱发潜伏感染（如鸡新城疫疫苗气雾免疫时可能诱发幼鸡慢性呼吸道病等）。

克服不良免疫反应的办法很多，应根据具体情况采取相应措施。一般来说，活疫苗引起的不良反应较多见，特别是在使用气雾、饮水、点眼、滴鼻等方法进行免疫时，往往易激活呼吸道的某些条件性病原体而诱发呼吸道反应。因此，在这种情况下对病毒性活疫苗可通过加抗生素、保护剂等措施减少应激。也可在免疫接种前或免疫接种时给被接种动物使用抗应激药物、抗生素等。另外，严格遵守操作程序、注意气候条件、控制好畜禽舍环境条件、选择适当的免疫时机等也能有效避免或降低免疫接种诱发的不良反应。

3. 几种疫苗的联合使用

两种以上疫苗同时给动物接种可能彼此无关，也可能彼此发生影响。例如，1 日龄雏鸡同时进行马立克氏病疫苗和新城疫疫苗接种时，后者会受到前者抑制。如果一次接种疫苗种类过多，机体不能忍受过多刺激时，不仅可能引起较剧烈的不良反应，而且还可能减弱机体产生抗体的机能甚至出现免疫麻痹，从而减低预防接种的效果。为了保证免疫效果，对当地流行最严重的传染病，最好能单独进行接种，以便产生较强的免疫力。目前，某些疫苗的联合应用是通过大量的科学实验而确定的。实践证明，这些生物制剂一针可防多病，大大提高防疫工作效率。

4. 合理的免疫程序

一个地区、养殖场可能发生的传染病不止一种，因此，养殖场往往需要多种疫苗来预防不同的疫病。用来预防这些传染病的疫苗其性质各不相同，免疫期长短不一。所以，为了达到理想的免疫效果，需要根据各方面情况制定科学、合理的免疫程序。制定免疫程序，应考虑当地疾病的流行情况及严重程度；母源抗体的水平；上一次免疫接种引起的残余抗体水平；畜禽的免疫应答能力；疫苗的种类和性质；免疫接种方法和途径；各种疫苗的配合；对动物健康及生产能力的影响。这些因素互相联系、互相制约，必须统筹考虑。

免疫种畜禽所产仔畜禽在一定时间内其体内有母源抗体存在，对建立自主免疫有一定影响，因此对幼龄畜禽免疫接种往往不能获得满意的效果。以猪瘟为例，母猪于配种前后接种猪瘟疫苗者，所产仔猪由于从初乳中获得母源抗体，在 20 日龄以前对猪瘟具有较强免疫力，30 日龄以后母源抗体急剧衰减，至 40 日龄以后几乎完全丧失。哺乳仔猪如在 20 日龄左右首次免疫接种猪瘟弱毒疫苗，则至 65 日龄左右应进行第二次免疫接种。

5. 影响疫苗免疫效果的因素

免疫是控制畜禽传染病的重要手段，几乎所有畜禽都需采取免疫接种。但是，有时畜禽在免疫接种后，不能抵抗相应疾病的流行，而造成免疫失败。导致这一状态的因素是多方面的，现将常见原因归纳如下：

（1）母源抗体的影响。由于各种疫苗广泛使用于种畜禽，使子代母源抗体水平提高。若接种过早，当疫苗接种进入子代体内时，会被母源抗体所中和，从而影响疫苗免疫力的产生。

（2）疫苗的质量。疫苗保存不当导致疫苗的失效，疫苗从出厂到使用中间要经过许多环节，如果某一环节未能按要求储藏、运输，或由于停电使疫苗反复冻融，就会使疫苗微生物死亡而失效；疫苗过期失效，微生物储藏过程中，部分微生物会发生死亡，而且随时间的延长死亡会越来越多，所以疫苗过期后，大部分病毒或细菌死亡，而使疫苗失效。

（3）疫苗选择不当。在疫病流行严重的地区，仅选用安全性好，但免疫力较低的疫苗品系。例如，在有速发性嗜内脏型新城疫流行的地区选用弱毒疫苗，产生的抗体不能抵御强毒的攻击。有的疫苗有不同的品系，不同的品系其毒力不同，若首免时选用较强的品系，不但起不到免疫保护的作用，而且接种后就会引起发病，导致免疫失败。

（4）疫苗使用不当

1）稀释液选择不当。多数疫苗稀释时可用生理盐水、蒸馏水，个别疫苗需要专用稀释液。若需专用稀释液的疫苗用生理盐水或蒸馏水稀释，则疫苗的效价就会降低，甚至完全失效。

2）活菌苗免疫的同时使用抗生素，影响免疫力的产生。表现为用菌苗的同时饮服消毒水；饲料添加剂含抗菌药物；紧急免疫时同时使用抗菌药进行治疗。上述现象的结果使动物体内同时存在菌苗和抗菌药物，造成活菌苗被抑杀、效价降低，最终疫苗的免疫力和药物的防治效果都受影响。

3）盲目联合应用疫苗。主要表现在同一时间内以不同的途径接种几种疫苗。如同时用新城疫疫苗点眼、传染性支气管炎疫苗滴鼻、传染性法氏囊疫苗口服、鸡痘疫苗刺种，多种疫苗进入体内后，其中几种或一种抗原所产生的免疫成分，可能被另一种抗原性强的抗原所产生的免疫成分遮盖，另外疫苗病毒进入体内后，在复制过程中会产生相互干扰作用，而导致免疫失败。

4）免疫剂量不准。疫苗剂量必须以说明书的剂量为标准，量不足，不能激发机体产生免疫反应；量太大，产生免疫麻痹而使免疫力受抑制。

5）免疫途径不当。免疫接种的途径取决于相应病原体的性质及入侵途径。全嗜性的可用多渠道接种，嗜消化道的多用口服或饮水，嗜呼吸道的用滴鼻等。若免疫途径错误也会影响免疫效果，如传染性法氏囊病病毒的入侵途径是消化道，所以该病疫苗的免疫应采用饮水。

6）疫苗使用时间过长。从零下几十度的冰箱取的冻干苗，应该放进温室一定时间，尽可能缩小与稀释液的温差再进行溶解，以免由于温度骤升时疫苗微生物夭折。疫苗稀释后要在 4 h 内用完。因为疫苗稀释后除了温度升高外，浓度也降低了，使微生物抗原与外界的光线、水分有了更广泛的接触。由于外界物理因素的突然刺激，这种抗原易于死亡、破坏。

7）免疫接种工作不够细致。例如采用饮水免疫时饮水量不足、进行疫苗稀释时计算错误或稀释不均匀、未将应该接种的动物全部接种。

（5）早期感染。接种时动物机体内已潜伏有强毒病原微生物，或由于接种人员及接种用具消毒不严带入强毒病原体。

（6）应激及免疫抑制因素的影响。饥饿、寒冷、过热、拥挤等不良因素的刺激，能抑制动物机体的体液免疫和细胞免疫，从而导致动物机体对疫苗的免疫应答下降。

（7）血清型不同。有的病原微生物有多种血清型，如鸡传染性支气管炎病毒，呼吸型传染性支气管炎疫苗对肾型传染性支气管炎的保护力几乎为零。如果疫苗的血清型和感染的病毒或细菌血清型不同，则免疫后起不到保护作用。

（8）超强毒株感染。现已证实某些疾病的病原微生物存在超强毒株，如马立克氏病病毒，另外还有新城疫病毒、传染性法氏囊病病毒等。

思 考 题

1. 简述疫情巡查的方法？

2. 根据所学，设计养殖场的消毒方法？

3. 简述雪灾后疫情防范重点。

4. 不合理使用药物的主要表现有哪些?

5. 我国现在生产的兽用生物制品，按照其用途分为几类?

6. 简述免疫接种的方法。

7. 简述点眼、滴鼻的要点。

第三章　常见畜禽病毒性疾病的防治

学习目标：

◆掌握猪的病毒性疾病的治疗方法

◆掌握大牲畜类病毒性疾病的治疗方法

◆掌握禽类病毒性疾病的治疗方法

第一节　猪的病毒性疾病

一、口蹄疫

口蹄疫俗称口疮、蹄癀，是由口蹄疫病毒引起的偶蹄动物共患的急性、热性、高度接触性传染病。一旦发生，病情急、传播快、蔓延广、危害大。临床上以发热，口、舌、唇、鼻、蹄部及乳房皮肤发生水疱和溃烂形成烂斑为特征。

1. 病原学

口蹄疫病毒属于微 RNA 病毒科，口蹄疫病毒属，具有多型性、易变性的特点。根据其血清学特性，现已知有 O 型、A 型、C 型、南非 1、南非 2、南非 3 型和亚洲 1 型，每个型分若干个亚型，各血型之间不能产生交叉免疫，感染某种病毒后的康复动物或免疫某种疫苗后的动物，仍可感染其他型病毒。

2. 流行病学

口蹄疫病毒侵害多种动物，但主要为偶蹄兽。家畜以牛易感（奶牛、黄牛、牦牛、犏牛最易感，水牛次之)，其次是猪，再次为绵羊、山羊和骆驼以及所有野生反刍动物，仔猪和犊牛、羔羊不但易感而且死亡率较高。

病畜和潜伏期动物是最危险的传染源。病畜呼出物、唾液、粪便、尿液、乳、精液均可带毒。病毒随分泌物和排泄物同时排出，并在水疱液、水疱皮中含毒量最多，毒力也最强，富于传染性。病毒通常以直接接触或间接接触两种方式传播，或通过人、犬、蝇等动物传播，也可经车辆、器具等污染物传播。消化道是最常见的感染门户，也可经呼吸道、生殖道或损伤的黏膜和皮肤感染。

本病呈烈性传播，对畜牧业发展危害严重，成年动物死亡率在5%左右，幼畜死亡率高达50%以上，吃奶幼畜死亡率高达100%，主要是心肌炎所导致的死亡。本病长期存在的地区呈周期性，每隔3～5年发生一次，一般冬春季较易发生大流行，夏季减缓或平息，但在大群饲养的猪、牛舍，本病并无明显的季节性。

3. 临床症状

潜伏期2～4天。体温高达40～41℃，委靡，食欲下降，流涎。1～2天后，唇内面、齿龈、舌面和颊部黏膜突起蚕豆至核桃大小的水疱。口腔形成水疱的同时或稍后，可能在趾间及蹄冠的皮肤上发生红、肿、热及水疱，并迅速破溃糜烂。病畜跛行或不愿站立，乳头皮肤也可能出现水疱并破溃形成烂斑。水疱2～3天破溃，表皮脱落，露出红色糜烂区，体温下降。

（1）牛。成年牛感染症状缓和，母牛可致流产，可呈良性经过，经1周即可痊愈，有的病畜病程可延续2～3周，也有的病牛在恢复中突然恶化，表现为全身虚弱，肌肉发抖，特别是心跳加快，节律失调，反刍停止，食欲废绝，行走摇摆，站立不稳，因心脏麻痹而突然倒地死亡。哺乳犊牛患病时，水疱症状不明显，主要表现为出血性肠炎和心肌麻痹，死亡率很高。病愈牛可获得一年左右的免疫力。

（2）羊。潜伏期一周左右，感染率较牛低，病状也不如牛明显。山羊多见于口腔，呈弥漫性口膜炎，水疱发生于硬腭和舌面，蹄部病变较轻。绵羊蹄部水疱明显，口腔变化轻微，最明显的症状是跛行，羔羊有时有出血性胃肠炎，常因心肌炎而死亡。

（3）猪。潜伏期1～2天，病猪以蹄部水疱为主要特征，精神不振，食欲减少或废绝。口黏膜（包括舌、唇、齿龈、咽、腭）形成小水疱或糜烂。蹄冠、蹄叉、蹄踵等部出现局部发红，微热、敏感等症状，不久逐渐形成米粒大、蚕豆大的水疱，水疱破裂后表面出血，形成糜烂，如无细菌感染，一周左右痊愈。如有继发感染，严重者可导致蹄壳脱落。患肢不能着地，病猪常卧地不起，病猪鼻镜、乳房也常见到烂斑。哺乳仔猪的口蹄疫通常呈急性胃肠炎和心肌炎而突然死亡，病死率可达60%～80%，病程稍长者，也可见到口腔（齿龈、唇、舌等）及鼻面上有水疱和糜烂。

4. 病理变化

动物口蹄疫除口腔和蹄部的水疱和烂斑外，反刍动物的喉头、气管、食道和前胃黏膜有时可见到圆形烂斑和溃疡，真胃和肠黏膜可见出血性炎症。另外，幼龄动物急性死亡时最具有重要诊断意义的是心脏病变，心包膜有弥散性及点状出血，慢性经过而死亡的动物心肌松软，心肌切面有灰白色或淡黄色斑点或条纹，好似老虎皮上的斑纹，故称“虎斑心”。

5. 诊断

（1）根据该病的流行病学、临诊诊断和病理剖检特点，一般不难做出疑似诊断，但为了与类似疾病鉴别及毒型的鉴定，进一步确诊还须进行实验室检验。

(2) 样品的采集。上皮组织，最好是未破裂或新破裂的水疱皮，至少应采 1 g。置于运输保存液中，冷藏保存并送检。或用食管探杯采集食道或咽黏液，立即按 1∶1 加保持液后置－40℃保存运输。

(3) 鉴别诊断。临床症状易混的疫病有水疱性口炎、猪水疱病、猪水疱疹。其他应鉴别的疫病有牛瘟、牛传染性鼻气管炎、蓝舌病、牛乳房炎、牛丘疹性口炎等。

6. 防治

(1) 预防。平时加强对家畜的检疫，做好免疫接种工作。预防免疫接种，免疫保护率一般在 80%～90%，接种疫苗后 14 天产生免疫力，免疫持续 6 个月。注射方法及注意事项，必须严格按照产品说明书执行，注射后可能出现副作用，必须事先做好护理和治疗准备工作，如出现过敏反应应立即注射肾上腺素等药品。

(2) 处理。发生口蹄疫时，必须严格按《动物防疫法》及有关规定，采取紧急、强制性、综合性的控制和扑灭措施。

一旦发现疫情，应立即向上级主管部门报告，确切诊断，划定疫点、疫区和受威胁区，并分别进行封锁和监督，禁止人、动物和物品流动。在严格封锁的基础上，扑杀患病动物和同群动物，并对其进行无害化处理。同时，必须对栏舍、场地及污物、粪便和受污染物体等严格消毒。对疫区和受威胁区内的健畜进行紧急接种，在受威胁地区的周围建立免疫带以防疫情扩展。康复血清或高免血清用于疫区和受威胁的家畜，可控制疫情和保护幼畜。待最后一头病畜死亡或扑杀后 14 天，并经过彻底消毒，可报请县级以上人民政府解除封锁。

二、猪水疱病

猪水疱病又称猪传染性水疱病，是由猪水疱病病毒引起的一种急性、热性、接触性传染病。其特征是病猪的蹄部、口腔、鼻端和母猪乳头周围发生水疱。

1. 病原学

猪水疱病毒，属于小核糖核酸病毒科，肠道病毒属，病毒对环境和消毒药有较强抵抗力，在 50℃ 30 min 仍不失感染力，60℃ 30 min 和 80℃ 1 min 即可灭活，在低温中长期保存。3%氢氧化钠溶液在 33℃ 24 h 即杀死水疱皮中病毒，1%过氧乙酸 60 min 可杀死病毒。

2. 流行病学

本病仅发生于猪，不同品种、年龄和性别的猪均可感染发病。传染源是病猪和康复带菌的猪及隐性感染猪，病猪的粪、尿、鼻液、口腔分泌物、肠道、水疱皮及水疱液含有大量病毒，通过病猪与易感猪接触，可经损伤的皮肤、消化道等感染。孕猪可经胎盘传播，该病一年四季均可发生，但多见于冬春两季。散养发病率低，猪只密集、调动频繁，往往造成发病率较高，一般不引起死亡。

3. 发病机理

病毒侵入猪体，扁桃体是最易受害的组织。皮肤、淋巴结和侧咽后淋巴可发生早期感染。原发性感染是通过损伤的皮肤和黏膜侵入体内经 2～4 天在入侵部形成水疱，以后发展为病毒血症。病毒到达口腔黏膜和其他部分皮肤形成次发性水疱。本病毒对舌、鼻盘、唇、蹄的上皮，心肌、扁桃体的淋巴组织和脑干均有很强的亲和力。上皮病变的发生可分为两个过程，一是细胞死亡和由于皮肤棘细胞层松解丧失了亲和力；二是细胞内水肿导致上皮细胞的网状变性。

4. 临床症状

潜伏期 2～4 天，有的可延长至 7～8 天。病初体温升高至 40～42℃，水疱破裂后体温正常，在蹄冠、趾间、蹄踵出现一个或几个黄豆至蚕豆大的水疱，继而水疱融合扩大，充满水疱液，经 1～2 天后，水疱破裂形成溃疡，真皮暴露，颜色鲜红。临床症状易与口蹄疫混淆，发病初期由于蹄部受到损害，病猪行走出现跛行。有些病例由于继发细菌感染、局部化脓，可造成蹄壳脱落，不能站立。在蹄部发生水疱的同时，有的病猪在鼻端、口腔和母猪乳头周围出现水疱。一般经 10 天左右可以自愈，但初生仔猪可造成死亡。水疱病发生后，约有 2%的猪发生中枢神经系统紊乱，表现向前冲、转圈运动、用鼻摩擦猪舍用具，有时有强直性痉挛。

5. 病理变化

病猪除口腔蹄部、鼻盘、唇、舌面，有时在乳房出现水疱。个别病例在心内膜有条状出血斑，其他脏器无可见的病理变化。组织学变化为非化脓性脑膜炎和脑脊髓炎病变，大脑中部病变较背部严重。脑膜含大量淋巴细胞，血管嵌边明显，多数为网状组织细胞，少数为淋巴细胞和嗜伊红细胞。脑灰质和白质发现软化病灶。

6. 诊断

临床症状和病理变化不能作为诊断的依据，确诊需进一步做实验诊断，样品采集和口蹄疫样品采集一样。本病应与口蹄疫和猪水疱疹鉴别。

7. 防治

（1）预防。加强饲养管理，做好消毒工作。防止将病带入非疫区。疫区和受威胁区要定期进行预防注射，对患病猪待水疱破后，用 0.1%高锰酸钾或 2%明矾水洗净，涂紫药水或碘甘油，数日可治愈。

（2）处理。参照口蹄疫处理办法。

三、猪瘟

猪瘟又称烂肠瘟，是由猪瘟病毒引起的一种急性、热性、高度接触性传染性疾病，特征为发病急、高热稽留和小血管壁变性引起广泛出血、梗塞和坏死，具有很高的发病率和死亡率。

1. 病原学

猪瘟病毒是黄病毒科，瘟病毒属。本病毒对外界环境的抵抗力较强，既能在冷冻条件下存活，也能在烟熏烤晒加工的肉制品中存活，但不耐热。

2. 流行病学

自然条件下猪和野猪是本病唯一的自然宿主，其他动物有抵抗力，猪不分年龄、性别和品种均易感，本病一年四季均可发生，一般以春秋较为严重。急性暴发时，先是几头猪发病，往往突然死亡。继而病猪数量不断增多，多数猪呈急性经过和死亡，3 周后逐渐趋向低潮，病猪多呈亚急性或慢性，如无继发感染，少数慢性病猪在 1 个月左右恢复或死亡，流行终止。

病毒主要经消化道、呼吸道感染，也可经眼结膜、伤口、输精感染及胎盘垂直传播。直接接触的分泌物、持续毒血症并数月排毒的先天性感染的仔猪、带毒的猪都是传染源。

近年来猪瘟流行发生了变化，出现非典型猪瘟、温和型猪瘟，以散发性流行。发病特点是临床症状轻或不明显，死亡率低，病理变化特征不明显，必须依赖实验室诊断才能确诊。

3. 临床症状

根据临床症状和特征，猪瘟可分为急性型、慢性型和温和型。

（1）急性型。表现为突然发病，高热稽留，体温升高至 41～42℃，皮肤和结膜发绀、出血，尤以肢体末端最显著。出现精神沉郁，厌食，偶尔呕吐。嗜睡、挤堆。呼吸困难，咳嗽。先便秘后腹泻。经一至数天发生死亡，小猪病死率可达 100%。

（2）慢性型。体温时高时低，呈弛张热。便秘和下痢交替，以下痢为主。主要表现为消瘦、贫血、全身衰弱、常伏卧，行走时缓慢无力，时有轻热，食欲不振。病程长，可持续 1 个月以上，病死率低，很难完全恢复。

（3）温和型。因潜伏期长、症状不典型、病死率低，抗菌药物治疗无效称为“温和型”猪瘟。病猪暂短发热，无明显症状，母猪感染后长期带毒，受胎率低，在妊娠后期可能出现流产、死胎、木乃伊胎和畸形胎，所生仔猪先天感染，死亡或成僵猪。

4. 病理变化

全身淋巴结肿胀、水肿和出血，呈现红白或红黑相间的大理石样变化；肾组织被膜下（皮质表面）呈点状出血；膀胱黏膜、喉、会厌软骨、肠系膜、肠浆膜和皮肤呈点或斑状出血；脾脏的梗死是猪瘟最有诊断意义的病变，它由毛细血管栓塞所致，稍高于周围的表面，以边缘多见，呈紫黑色。胆囊、扁桃体发生梗死；回盲瓣处淋巴组织扣状肿，若有继发感染，可见扣状溃疡；死胎仔猪出现明显的皮下水肿、腹水和胸腔积液。

5. 诊断

（1）典型急性猪瘟暴发，根据流行病学、临床症状和病理变化可作出相当准确的诊断，若需确诊还要做实验诊断。

（2）样品采集。采集扁桃体、淋巴结、脾、肾、远端回肠等部位，样品置冷藏条件下，尽快送到实验室。

6. 鉴别诊断

猪丹毒、猪肺疫、仔猪副伤寒和猪链球菌在临床表现上与猪瘟极为相似。因此，临床表现只供参考，还必须从病理变化、流行病学等多方面综合判断而定。

(1) 猪丹毒。与猪瘟比较，在猪群中传染较慢，发病率不高。患猪丹毒的猪天然孔无明显炎症，比较清洁，但常突然死亡，病程短，剖检变化可见脾肿大，肾淤血肿大，淋巴结不呈大理石样斑纹，大肠无明显变化，经药物治疗可明显好转或治愈。

(2) 猪肺疫。常为散发，病猪有明显的咽喉部急性肿胀或有严重的肺炎症状，呼吸困难，口鼻流出白沫，易与猪瘟区别。

(3) 急性副伤寒。最易与猪瘟误诊，常发生在一个猪场内，2～4 月龄的小猪。剖检可见肠道的变化与猪瘟不同，主要表现为大肠的肠壁增厚，黏膜表面粗糙发炎，黏膜上覆盖着一层弥漫性、坏死性和腐乳状物质，有“鼓皮”样坏死。

(4) 败血性链球菌病。常伴发多发性关节炎，引起运动障碍，鼻黏膜及喉头、气管充血、出血，脾肿大。

7. 防治

(1) 预防措施。由于目前尚无特效药物可以治疗猪瘟，做好该病的综合性预防工作才是最重要的，具体措施包括：

1) 实行自繁自养，不由外地引进新猪，必要引种时，则到无疫地区引种选购，并隔离观察 4 周以上，确定健康后才能放进养殖场。

2) 养殖场应经常做好清洁卫生工作，定期清扫、消毒（带猪消毒）。

3) 禁止非本场人员和其他动物进入。

4) 消除持续感染带毒猪，培育健康的无猪瘟带毒猪的种猪和后备种猪群。

5) 改善生态环境，控制猪繁殖与呼吸综合征、猪圆环病毒病、猪细小病毒病等疾病。

6) 接种疫苗是预防猪瘟的最重要、最有效的手段。目前常用疫苗有猪瘟兔化弱毒乳兔组织苗、猪瘟兔化弱毒猪肾细胞苗和牛睾丸组织细胞疫苗。在实际应用中建议使用猪瘟单苗，至少在首次免疫时。疫苗的使用方法和猪瘟免疫程序要根据养殖场所处位置、周围环境、养殖场规模、群体免疫状态以及该病历年发生情况综合考虑。

(2) 处理。发生猪瘟的地区或养殖场，应根据《动物防疫法》的规定采取紧急、强制性的控制和扑灭措施。

1) 对病猪或可疑病猪应立即隔离或扑杀，同群猪就地观察，严禁扩散。

2) 疫区或受威胁区立即进行猪瘟疫苗紧急接种，必须做好医疗器械的严格消毒，防止人为接种。

3) 发病猪舍的用具、垫草、粪水、剩余的饲料应做好消毒处理工作。消毒可用 2%浓度的苛性钠溶液，20%～30%浓度的热草木灰或 5%浓度的漂白粉液，均可很快杀死病毒。

4) 工作人员严禁串栋，特别防止疫区的饲养和防疫人员往来。

5) 注重饲料营养，特别是维生素和微量元素的添加。

6) 对疫区和受威胁区的健康猪进行紧急免疫接种，注射时可适当增加剂量 2～4 头份，待最后一头病猪死亡或扑杀后，经过一个潜伏期的观察，并彻底消毒，可报请原发布机关解除封锁令。

四、猪丹毒

1. 病原学

猪丹毒是人畜共患传染病。临床特征是急性型呈败血症症状，发高热；亚急性型在皮肤上出现紫红色疹块；慢性型表现纤维素性关节炎和疣状心内膜炎，其病原体为革兰氏染色阳性（紫色）丹毒丝菌，呈小杆状或长丝状，分许多血清型，各型的毒力差别很大。猪丹毒杆菌的抵抗力很强，在盐腌或熏制的肉内能存活3～4个月，在掩埋的尸体内能活7个多月，在土壤内能存活35天。但对消毒药的抵抗力较低，以2%福尔马林、3%来苏儿、1%火碱、1%漂白粉都能很快将其杀死。

2. 流行病学

不同年龄猪均有易感性，但以3个月以上的生长猪发病率最高，3个月以下和3年以上的猪很少发病。病猪、临床康复猪及健康带菌猪都是传染源。病原体随粪、尿、唾液和鼻分泌物等排出体外，污染土壤、饲料、饮水等，经消化道和损伤皮肤而感染。猪丹毒的流行无明显季节性，但夏季发生较多，冬春只有散发，并且呈地方性流行或散发。

3. 临床症状

此病的潜伏期为3～5天，短的1天，长的可达7天。

（1）急性型（败血症型）见于流行初期。个别病例可能不表现任何症状而突然死亡。大多数病例有明显症状，体温突然升至42℃以上，寒战、减食，或有呕吐，常躺卧地上，不愿走动，行走时步态僵硬或跛行，似有疼痛，站立时背腰拱起。结膜充血，眼睛清亮有神，很少有分泌物。大便干硬，有的后期发生腹泻。发病1～2日后，皮肤上出现红斑，其大小和形状不一，以耳、颈、背、腿外侧较多见，开始指压时退色，指去复原。病程2～4日，病死率80%～90%。哺乳仔猪和刚断奶小猪发生猪丹毒时，往往有神经症状，病程不超过1天。

（2）亚急性型（疹块型）通常取良性经过。败血症症状轻微，其特征是在皮肤上出现疹块。病初食欲减退，精神不振，不愿走动，体温升高。1～2天后，在胸、腹、背、肩及四肢外侧出现大小不等的疹块，先呈淡红，后变为紫红，以至黑紫色，形状为方形、菱形或圆形，坚实稍突起，少则几个，多则数十个，以后中央坏死，形成痂皮，经1～2周恢复。

（3）慢性型。一般由前两型转来。常见的有浆液性纤维素性关节炎、疣状心内膜炎和皮肤坏死。皮肤坏死一般单独发生，而浆液性纤维素性关节炎和疣状心内膜炎往往在一头病猪身上同时存在。病猪食欲无明显变化，体温正常，但逐渐消瘦，全身衰弱，生长发育不良。浆液性纤维素性关节炎常发生于腕关节和跗关节，呈多发性。受害关节肿胀、疼痛、僵硬，甚至发生跛行。疣状心内膜炎表现呼吸困难，心跳增数，听诊有心内杂音，强迫快速行走时，可突然倒地死亡。皮肤坏死常发生于背、肩、耳及尾部，局部皮肤变黑，干硬如皮革，逐渐与新生组织分离脱落，遗留一片无毛而色淡的瘢痕。

4. 病理变化

急性型皮肤上有大小不一和形状不同的红斑或弥漫性红色。脾肿大充血，呈樱桃红色。肾淤血肿大，呈暗红色，皮质部有出血点。淋巴结充血肿大，也有小出血点。肺淤血、水肿，胃及十二指肠充血、出血，关节液增加。亚急性型的特征是皮肤上有方形和菱形的红色疹块，内脏的变化比急性型慢。慢性型的特征是房室瓣常有疣状心内膜炎，瓣膜上有灰白色增生物，呈菜花状，其次是关节肿大，有炎症，在关节腔内有纤维素性渗出物。

5. 疾病诊断

根据临床症状和流行情况，结合疗效，一般可以确诊。但在流行初期，往往呈急性经过，症状无特征，需做实验检查才能确诊。急性型采取肾、脾为病料，亚急性型在生前采取疹块部的渗出液，慢性型采取心内膜组织和患病关节液，制成涂片后，革兰氏染色法染色，经镜检，如见有革兰阳性（紫兰）的细长小杆菌，在排除李氏杆菌的情况下，即可确诊。

6. 疾病防治措施

（1）治疗。在发病后 24～36 h 内治疗，有显著疗效。首选药物为青霉素，对急性型最好首先按每千克体重 1 万单位青霉素静脉注射，同时肌注常规剂量的青霉素，即 20 kg 以下的猪用 20～40 万单位，20～50 kg 的猪用 40～100 万单位，50 kg 以上的猪酌情增加。每天肌注两次，直至体温和食欲恢复正常后 24 h，不宜停药过早以防复发或转为慢性。其次，四环素、土霉素、洁霉素、泰乐菌素也有良好的疗效，四环素和土霉素，每日每千克体重为 7～15 mg，肌肉注射，洁霉素每次每千克体重 11 mg，每日一次，泰乐菌素每次每千克体重 2～10 mg，一日两次，肌肉注射。

（2）预防。平时要加强饲养管理，猪舍、用具保持清洁，定期消毒。同时按免疫程序注射猪丹毒菌苗。发生猪丹毒后，应立即对全群测温，病猪隔离治疗，死猪深埋或烧毁。与病猪同群的未发病群，用青霉素进行药物预防，等疫情扑灭和停药后，进行全面消毒，并注射菌苗，巩固防疫效果。对慢性病猪及早淘汰，以减少经济损失，防止带菌传播。

五、猪流行性腹泻

本病是由猪流行性腹泻病毒引起猪的一种急性接触性肠道传染病，其特征为呕吐、腹泻和脱水。临床症状和病理变化与猪传染性胃肠炎极为相似，但通过仔猪接种、直接免疫荧光、免疫电镜和中和实验，证明与猪传染性胃肠炎在抗原性上有明显差异。

1. 病原学

猪流行性腹泻病毒属于冠状病毒科、冠状病毒属。本病毒与猪传染性胃肠炎病毒没有共同的抗原性。病毒只能在肠上皮组织培养物内生长。病毒对外界环境和消毒药抵抗力不强，对乙醚、氯仿等敏感，一般消毒药都可将其杀灭。

2. 流行病学

本病仅发生于猪，各年龄的猪都能感染发病。哺乳仔猪、架子猪或育肥猪的发病率很高，尤以哺乳仔猪受害最为严重，母猪发病率变动很大，为15%～90%。病猪是主要传染源，病毒存在于肠绒毛上皮和肠系膜淋巴结，主要感染途径是消化道随粪便排出后，污染环境、饲料、饮水、交通工具及用具等而传染。如果一个养殖场陆续有不少窝仔猪出生或断奶，病毒会不断感染失去母源抗体的断奶仔猪，使本病呈地方流行性，可造成5～8周龄仔猪的断奶期顽固性腹泻。本病多发生于寒冷季节，据我国调查，本病以12月和次年1月发生最多。

3. 临床症状

潜伏期一般为5～8天，主要的临床症状为水样腹泻，或者在腹泻之间有呕吐，呕吐多发生于吃食和吃奶后。症状的轻重随年龄的大小而有差异，年龄越小，症状越重。1周龄内新生仔猪发生腹泻后3～4天，呈现严重脱水而死亡，死亡率可达50%，最高的死亡率达100%。病猪体温正常或稍高，精神沉郁，食欲减退或废绝。断奶猪、母猪常呈现精神委顿、厌食和持续腹泻（约1周），并逐渐恢复正常，少数猪恢复后生长发育不良。肥育猪感染后都发生腹泻，1周后康复，死亡率1%～3%。成年猪症状较轻，有的仅表现呕吐，重者水样腹泻3～4天可自愈。

4. 病理变化

病理变化仅限于小肠，小肠扩张，充满黄色液体，肠系膜充血，肠系膜淋巴结水肿，小肠绒毛缩短。

5. 诊断

本病在流行病学和临床症状方面与猪传染性胃肠炎无显著差别，只是病死率比猪传染性胃肠炎稍低，在猪群中传播的速度也较缓慢。猪流行性腹泻发生于寒冷季节，各种年龄都可感染，年龄越小，发病率和病死率越高，病猪呕吐，水样腹泻和严重脱水，进一步确诊须依靠实验诊断。

6. 防治

本病应用抗生素治疗无效，可参考猪传染性胃肠炎的防治办法。在本病流行地区可对怀孕母猪在分娩前2周，以病猪粪便或小肠内容物进行人工感染，刺激其产生乳源抗体，以缩短本病在猪场中的流行。免疫接种是预防最好的办法，疫苗免疫妊娠母猪，乳猪通过初乳获得保护。在发病猪场断奶时免疫接种仔猪可降低此病的发生。

六、猪细小病毒病

猪细小病毒可引起猪的繁殖障碍性疾病，其特征为感染母猪，特别是初产母猪产出死胎、畸形胎、木乃伊胎、病弱仔猪，但母猪本身无明显症状。

1. 病原学

猪细小病毒属于细小病毒科细小病毒属，不同毒株的毒力不同。强毒株导致怀孕母猪病毒血症，并通过胎盘垂直感染使胎儿死亡。本病毒耐热性强，对脂溶剂和一般消毒药的抵抗力也很强。

2. 流行病学

猪是唯一的易感动物，但牛、羊等其他动物也存在特异抗体，猪细小病毒主要引起猪的繁殖障碍，不同年龄、性别、品种的猪都可感染。本病的传染源为感染的母猪、公猪及持续性感染的外表健康的猪，除胎盘感染和交配感染外，呼吸道和消化道感染也是重要途径，特别是购入带毒猪后，可引起暴发流行。本病具有很高的感染性，一旦病毒传入易感的健康猪群，3 个月内几乎可导致猪群 100%感染，感染群的猪只，较长时间保持血清学反应阳性。多发生初产母猪，呈地方流行和散发。

3. 临床症状

病毒感染的主要特征是母猪主要表现繁殖障碍，不同孕期感染表现不同症状，在怀孕 30～50 天感染时，主要是产木乃伊胎，怀孕 50～60 天感染多出现死胎，怀孕 70 天以上则多能正常产仔，无其他明显症状，但仔猪带毒。本病还可引起母猪发情不正常，久配不孕，感染的母猪可能重新发情而不分娩。

4. 病理变化

眼观病变为母猪子宫内膜有轻微炎症，胎盘有部分钙化，胎儿在子宫有被溶解、吸收的现象。感染胎儿还可见充血、水肿、出血、体腔积液、脱水及坏死等病变。

5. 诊断

如见到流产、死胎、胎儿发育异常等情况而母猪没有明显的临床症状，母猪发情不正常、久配不孕，应考虑本病的可能性。确诊必须依靠实验检验。可将木乃伊化胎儿、胎儿肺送实验室进行诊断。检验方法可进行病毒的细胞培养和鉴定，也可血凝实验、荧光抗体染色实验。

6. 防治

本病尚无特效的治疗方法，主要采取预防措施：

（1）控制带毒猪传入养殖场，在引进猪时应加强检疫。

（2）一旦发病，应将发病母猪、仔猪隔离或淘汰。所有养殖场环境、用具应严密消毒，并用血清学方法对全群猪进行检查，对阳性猪应采取隔离或淘汰，以防疫情进一步发展。

（3）对猪进行免疫接种，有良好的预防效果。

七、猪繁殖与呼吸综合征

猪繁殖与呼吸障碍综合征又称蓝耳病，是由病毒引起猪的一种繁殖障碍和呼吸道的传染病。不同年龄、品种、性别的猪都易感，但以妊娠母猪和仔猪最常见，其特征为厌食、发热、怀孕后期发生流产、死胎和木乃伊胎；幼龄仔猪发生呼吸道症状。

1. 病原学

猪繁殖与呼吸综合征病毒属于动脉炎病毒科，动脉炎病毒属。对乙醚和氯仿敏感。

2. 流行病学

本病主要侵害繁殖母猪和仔猪，而育肥猪发病温和。病猪和康复猪是本病的主要传染源。感染母猪有明显排毒，如鼻分泌物、粪便、尿均含有病毒。耐过猪可长期带毒不断向体外排毒。公猪感染后3～27天和43天所采集的精液中均能分离到病毒。7～14天从血液中可查出病毒，经过公猪配种以含有病毒的精液感染母猪。

本病传播迅速，主要经呼吸道感染，因此，当健康猪与病猪接触，如同圈饲养、频繁调运、高度集中更容易导致本病发生和流行。本病发生多呈明显的季节性，多以寒冷的季节发生。

3. 临床症状

人工感染潜伏期4～7天，自然感染一般为14天。本病的病程通常为3～4周，最长可达6～12周。感染此病的病猪主要表现为精神沉郁、体温升高、厌食嗜睡，个别猪双耳、腹侧、阴部体表及乳房皮肤发绀。

（1）母猪。发病初期出现厌食、发热等，妊娠母猪流产，产死胎、弱仔、木乃伊胎，有的母猪出现肢体麻痹性神经症状。

（2）仔猪。发热，体温可达40～41℃，表现为呼吸困难，如呼吸急促、咳嗽、腹式呼吸、腹泻。耳尖至耳根皮肤发绀，部分猪呈现神经症状，如肌肉震颤、呆立和犬坐姿势，死亡率较高。

（3）保育猪、生长猪和育肥猪感染后出现精神沉郁、厌食，呼吸困难，有的腹泻和四肢关节肿胀，皮肤发红，迅速消瘦，死亡率高。

（4）公猪症状较轻，除上述表现外，还有性欲减退，精液品质下降、射精量少，无发热现象，极少数出现双耳皮肤发绀。

4. 病理变化

本病的病理变化主要发生在肺部和淋巴结。肺出现弥漫性间质性肺炎，肺肿胀、硬变、边缘出血，有时见脾脏肿大。淋巴结肿大、出血，大理石样外观为本病的特征之一。有的有心包、腹腔积液等。

5. 诊断

根据母猪怀孕后期发生流产，新生仔猪死亡率高，以及临床症状和间质性肺炎可初步作出诊断，但确诊需实验诊断。

6. 鉴别诊断

应与猪细小病毒病、猪伪狂犬病、猪流感、猪乙型脑炎、弓形体、猪呼吸道冠状病毒感染及布鲁氏杆菌病、衣原体等鉴别。

7. 防治

严格地执行兽医的综合性防治措施。疫苗免疫是控制本病的有效途径，灭活疫苗为预防本病的首选疫苗，适合种猪和健康猪使用。对于正在暴发或暴发过本病的养殖场可用弱毒疫苗紧急预防接种或免疫预防。严把种猪引进关，严禁从疫区引进种猪，引进的种猪要隔离观察两周以上，发现疫情，及时处理，采取全进全出的饲养方式，定期对猪舍及其周边环境消毒。

本病没有有效的治疗措施，发生时，往往继发感染其他疾病，如猪链球菌病、猪嗜血杆菌病等，因此，应注意针对常见的细菌病采取适当的防控措施，也可用能提高机体免疫力的中药制剂，并添加电解多维等，促进机体的康复，减少损失。

八、伪狂犬病

本病是由伪狂犬病病毒引起的一种急性传染病。猪是本病的自然宿主，感染猪的临床特征为体温升高，新生仔猪表现神经症状，成年猪常为隐性感染，出现呼吸道症状、生长不良等，妊娠母猪感染后可引起流产、死胎及呼吸系症状。

1. 病原学

伪狂犬病病毒属于疱疹病毒科，疱疹病毒亚科。病毒的抵抗力较强，在污染的猪舍能存活一个多月，在肉中可存活 5 周以上。一般常用的消毒药都有效，纯酒精作用 30 min、0.5%石灰乳或 0.5%苏打作用 1 min、2%福尔马林作用 20 min 能迅速灭活病毒，也可紫外线灭活，因此，圈舍要加强光照。

2. 流行病学

本病对各种年龄的动物都可感染，感染日龄越小，死亡率越高。牛、羊等家养动物、犬猫等宠物、实验动物、野生动物等均可感染。猪是本病的唯一自然宿主，病猪、带毒猪及带毒鼠类是本病的主要传染源，病猪、隐性感染猪或康复猪均可长期带毒。

本病可通过伤口、呼吸道和消化道感染，空气传播也是重要途径，病毒主要从病猪的鼻分泌物、唾液、乳汁和尿中排出，有的带毒猪可持续排毒一年。感染公猪可通过配种传染母猪，发病的妊娠母猪可导致流产，产死胎及木乃伊胎等。对初生仔猪则引起神经症状，出现运动失调，麻痹，衰竭死亡，病死率 100%。成年猪多呈隐性感染，但可引起呼吸道症状。本病潜伏期一般 3～5 天。

3. 临床症状

（1）新生仔猪。病初发热，体温升高达 40℃以上，精神沉郁、呕吐、下痢、厌食、呼吸困难，呈腹式呼吸，继而出现神经症状，共济失调，最后衰竭而死亡。15 日龄以下的小猪死亡率可达 100%。

（2）3～4 周龄猪。主要症状同新生仔猪，病程略长，多便秘，有时候出现顽固性腹泻，病死率可达 40%～60%。部分耐过猪常有后遗症，如偏瘫和发育受阻。

（3）2 月龄以上猪。症状轻微或隐性感染，表现为发热、咳嗽、便秘，有的病猪呕吐，多在 3～4 天恢复。大多数猪出现呼吸道症状，少部分病猪出现神经症状，震颤、共济失调，头向上抬，背拱起，倒地后四肢痉挛，间歇性发作。

（4）怀孕母猪。表现为咳嗽、发热、精神沉郁。随后发生流产、木乃伊胎、死胎和弱仔等繁殖障碍，这些弱仔猪1～2天内出现呕吐和腹泻，运动失调，痉挛，角弓反张，通常在24～36 h内死亡。后备母猪和空怀母猪表现为不发情，公猪有些表现睾丸肿胀、萎缩，失去种用价值。

4. 病理变化

由于病毒首先在上呼吸道增殖然后通过神经末梢经神经脊髓液、淋巴结侵入中枢神经系统，其特征病变为上呼吸道和神经中枢炎性变化。

上呼吸道如鼻、咽喉、气管及扁桃体出血、水肿、严重的有肺水肿。中枢神经系统如脑膜明显充血，出血和水肿，脑脊髓液增多。胃黏膜有卡他性炎症、胃底黏膜出血。流产胎儿的脑和臀部皮肤出血点，肾和心肌出血，肝和脾有灰白色坏死灶。组织变化见中枢神经系统呈弥漫性非化脓性脑膜炎，有明显血管套和胶质细胞坏死。

5. 诊断

根据病畜临床症状，病理变化以及流行病学分析，可初步诊断为本病。确诊本病必须进行实验检查。兔对本病敏感，可用兔做动物接种实验。猪感染本病常呈隐性经过，因此诊断要依靠血清学方法，包括血清中和实验、琼脂扩散实验、补体结合实验、荧光抗体实验及酶联免疫测定等，其中血清中和实验最灵敏，假阳性少。

6. 防治

（1）治疗。本病目前无特效治疗药物，对感染发病猪可注射猪伪狂犬病高免血清，对断奶仔猪有明显效果，同时应用黄芪多糖中药制剂配合治疗。对未发病受威胁猪进行紧急免疫接种。

（2）预防。本病主要应以预防为主，消灭鼠类对预防本病有重要意义。对新引进的猪要进行严格的检疫，引进后要隔离观察、抽血检验，对检出阳性猪要注射疫苗，不可做种用。种猪要定期进行灭活苗免疫，育肥猪或断奶猪也应在2～4月龄时用活苗或灭活苗免疫，如果只免疫种猪，育肥猪感染病毒后可向外排毒，直接威胁种猪群。养殖场要进行定期严格的消毒措施，最好使用2%的氢氧化钠溶液或酚类消毒剂。

九、猪圆环病毒感染

本病又称猪断奶后多系统衰竭综合病，是由猪圆环病毒引起猪的一种新的传染病，主要感染哺乳仔猪和育肥猪，其特征为体质下降、消瘦、腹泻、呼吸困难、衰弱和死亡等。

1. 病原学

猪圆环病毒属于圆环病毒科圆环病毒属。这种病毒有鸡贫血病毒、鹦鹉喙羽病毒，是动物病毒中最小的一员。病毒对外界抵抗力较强，在56℃或70℃处理一段时间不被灭活，在高温环境也能存活一段时间。

2. 流行病学

病毒分布很广，主要发生在5～16周龄的猪，最常见于6～8周龄的猪，极少感染乳猪。

如果采取早期断奶的猪场，10～14 日龄断奶猪也可发病。一般本病集中于断奶后 2～3 周和 5～8 周龄的仔猪。急性发病猪群中，病死率可达 10%，耐过的猪后期发育明显受阻。

3. 临床症状

病毒侵害猪体后引起多系统进行性功能衰弱，在临床症状表现为生长发育不良和渐近性消瘦、皮肤苍白、肌肉衰弱无力、精神差、食欲不振、呼吸困难。有 20%的病例出现贫血、黄疸，具有诊断意义，但慢性病例难于察觉。有的由于继发感染，还可见有关节炎、肺炎，这给诊断带来难度。典型病例死亡的猪尸体消瘦。

4. 病理变化

主要的病理变化为病猪消瘦、贫血、皮肤苍白，黄疸、淋巴结肿大，切面为均匀的白色，肺部有灰褐色炎症和肿胀，呈弥漫性病变。肝脏发暗呈浅黄到橘黄色外观并萎缩，肝小叶间结缔组织增生。肾脏水肿、苍白，被膜下有坏死灶。脾轻度肿大，质地如肉。胰、小肠和结肠也常有肿大和坏死病灶。

5. 诊断

根据流行病学、临床症状和淋巴组织、肺、肝、肾特征性病变和组织学变化，可以作出初步诊断，确诊依赖病毒分离和鉴定，还可应用免疫荧光或原位核酸杂交进行诊断。

6. 防治

目前尚无有效疗法，抗生素应用和良好的饲养管理有助于解决并发感染的问题。

(1) 加强饲养管理和降低饲养密度、实行严格的全进全出制度、减少环境应激因素、控制并发感染，加强养殖场的安全措施，购买猪时保证其来自清洁的养殖场。

(2) 做好主要传染病的免疫工作。药物预防，预防性给药和治疗，对控制细菌性的混合感染或继发感染，是非常重要的。一旦发现可疑病猪及时隔离，并加强消毒，切断传播途径，杜绝疫情传播。

十、副猪嗜血杆菌病

副猪嗜血杆菌病又称多发性纤维素性浆膜炎和关节炎，以胸膜炎、脑膜炎和心包炎为特征，是猪呼吸道传染病。

1. 流行病学

由于本病是通过呼吸道传播，因此病猪和健康带菌猪是主要传染源。主要通过呼吸道，及被污染的饲料、饮水、器具等传播。该菌分 15 个血清型，以 4、5 和 13 型最为常见。该病发病率一般在 10%～15%，严重时死亡率高达 50%以上，一年四季都可发生，但以冬春寒冷季节多见，主要侵害 2 周龄至 2 月龄猪，以 5～8 周龄的断奶仔猪最为易感，多为散发，呈地方性流行。环境卫生差、高密度饲养、管理不善、运输、防疫等应激常会促使本病的发生和流行。

2. 临床症状

本病以呼吸道症状为主，其次是关节肿大、运动障碍，消瘦、被毛粗乱、体温升高、厌食、腹泻、可视黏膜发绀。

3. 病理变化

肺表面附有大量灰白色纤维素性渗出物，肺呈暗紫红色，支气管腔内可挤压出炎性渗出物；心包膜与心脏粘连，心外膜与胸壁粘连，心外膜上附着大量纤维素性物质、呈绒毛状，心包液增多、浑浊；脾脏、肝脏被膜附有灰白色脓性纤维素性物质；小肠肠壁充血、水肿，肠腔内有灰白色糊状内容物，混有气体；腕关节、跗关节肿大，关节腔内渗出大量纤维素性液体。另外，本病引起急性败血症，可见皮肤发绀、皮下水肿和肺水肿。

4. 诊断

根据临床症状和剖解变化可以初步诊断。确诊需实验检查，主要是血清学诊断。

5. 防治

（1）预防。加强饲养管理，因为本病为机体内常带菌，如果抵抗力下降，会引起本病的发生，因此应采取全进全出的生产模式。定期消毒，保持合理的饲养密度，加强通风与保温，减少断奶等应激反应。免疫预防，疫苗的使用是预防猪嗜血杆菌造成损失的最为有效的方法之一。在我国，华中农业大学动物病毒室已成功研制出副猪嗜血杆菌多价油乳剂灭活苗。其接种方法为母猪产前4～6周、仔猪1周龄、3～4周龄各接种一次，公猪一年两次免疫接种即可。已有的资料表明，副猪嗜血杆菌具有明显的地方性特征，疫苗免疫在不同的血清型之间所引起的交叉保护率很低。因此，在一个特定的地区，清楚地知道最流行的血清型对于有效控制该病至关重要。药物预防，为了有效控制该病，可在母猪产前、产后和仔猪断奶前、后一周在饲料中加保健药，如四环素、庆大霉素等药物，可取得满意的预防效果。

（2）治疗。抗生素预防或口服药物治疗对严重的副猪嗜血杆菌暴发可能无效。一旦临床症状已经出现，应立即采用注射抗生素进行治疗，并且应当对整个猪群药物预防，而不仅仅只是对那些表现出症状的猪用药。可以选用青霉素治疗，但细菌对青霉素的抗药性日益增强。大多数副猪嗜血杆菌也对阿莫西林、氟喹诺酮类、头孢菌素、四环素、庆大霉素和增效磺胺类药物敏感，但大多菌株对红霉素、氨基苷类和林可霉素有抵抗力。

十一、猪传染性胃肠炎

猪传染性胃肠炎是由传染性胃肠炎病毒引起的猪的一种急性肠道传染病也是高度接触性肠道疾病，以呕吐，严重腹泻和脱水为主要临床特征。各种年龄都可发病，10日龄以内仔猪病死率很高，可达100%，5周龄以上猪的死亡率很低，成年猪几乎没有死亡。

1. 病原学

本病病原体为冠状病毒科的猪传染性胃肠炎病毒，主要存在于空肠、十二指肠及回肠的黏膜，在鼻腔、气管、肺的黏膜及扁桃体、颌下及肠系膜淋巴结等处也能查出病毒。病毒对日光和热敏感，对乙醚、氯仿及去氧胆酸钠敏感，对胰蛋白酶和猪胆法有抵抗力，常用的消毒药容易将其杀死。

2. 流行病学

各种年龄的猪均有易感性，10 日龄以内的仔猪的发病率、病死率均很高，断奶仔猪、肥育猪与成年猪的症状较轻，大多数能自然恢复。病猪与带毒猪是主要传染源，它们从粪便、乳汁、鼻液中排出病毒，污染饲料、饮水、空气、用具等，由消化道与呼吸道侵入易感猪体内。本病发生没明显的季节性，一般多发生于冬季和春季，不易在炎热的夏季流行。在新疫区呈流行性发生，传播迅速，在 1 周内可散播到各年龄组的猪群。在老疫区则呈地方流行性或间歇性的发生，发病猪不多，10 日龄至 6 周龄的小猪容易得病，而隐性感染率却很高。

3. 临床症状

（1）潜伏期。仔猪 12～24 h，大猪 2～4 日。仔猪感染后典型症状是先突然呕吐，接着剧烈水样腹泻。呕吐多发生哺乳之后。下痢为乳白色或黄绿色，带有小块未消化的凝乳块，有恶臭。在发病末期，由于脱水，体重迅速减轻，体温下降，常于发病后 2～7 天死亡，耐过的小猪生长较缓慢。出生后的 5 日龄以内的仔猪的病死率达 100％。

（2）肥育猪。发病率接近 100％。突然发生水样腹泻、食欲不振、下痢，粪便呈灰色或茶褐色，含有少量未消化的食物。在腹泻初期，偶有呕吐。病程约 1 周，在发病期间增重明显减慢。

（3）成年猪。感染后不发病，部分猪表现轻度水样腹泻，或一时性的软便。对体重无明显影响。

（4）母猪。母猪常与仔猪一起发病，有些哺乳中的母猪发病后，表现高度衰弱、体温升高、泌乳停止、呕吐、食欲不振、严重腹泻。妊娠母猪的症状往往不明显，或仅有轻微的症状。

4. 病理变化

哺乳仔猪的胃常膨胀，滞留有未消化的凝乳块。3 日龄小猪中，约 50％的胃横膈膜面的憩室部黏膜下有出血斑。小肠膨大，有泡沫状液体和未消化的凝乳块，小肠绒毛萎缩，小肠壁变薄，缺乏弹性，在肠系膜淋巴管内见不到乳白色的乳糜。肠黏膜严重出血。

5. 诊断

根据本病多发于寒冷季节，各种猪均可感染，病猪伴有呕吐、水泻与迅速脱水，10 日龄内猪病死率高，成猪 5～7 天康复，病死小猪小肠绒毛萎缩，小肠壁变薄，缺乏弹性，可作出初步诊断。

6. 防治

严禁从疫区和病猪场引进猪只，猪群发生本病，立即隔离病猪。以消毒药对猪舍、环境、用具、车辆等彻底消毒。目前，尚无特效治疗药物，采取对症治疗法，用抗病毒药治疗，并口服补液盐，加强护理，天冷做好防寒保温，可用传染性胃肠炎和流行性腹泻二联苗进行预防接种。

第二节　大牲畜类病毒性疾病

一、牛流行热

牛流行热是由牛流行热病毒引起的一种急性热性传染病。其特征为突然高热，呼吸促迫，流泪和消化器官的严重卡他性炎症和运动障碍。感染该病的大部分病牛经 2～3 日即恢复正常，故又称三日热或暂时热。该病病势迅猛，但多为良性经过，该病能引起牛群发病，明显降低乳牛的产乳量。

1. 病原学

牛流行热病毒为 RNA 型，属于弹状病毒属，对氯仿、乙醚敏感，发热期病毒存在于病牛的血液、呼吸道分泌物及粪便中。

2. 流行病学

该病主要侵害牛、黄牛、乳牛、水牛，均可感染发病。以 3～5 岁壮年牛、乳牛、黄牛易感性最大，水牛较少感染。一般认为，该病多经呼吸道感染，病牛是该病的传染来源，此外，吸血昆虫的叮咬，以及与病畜接触的人和用具的机械传播也是原因之一。

此病流行具有明显的季节性，多发生于多雨潮湿和气候炎热的 6～9 月。流行迅猛，短期内可使大批牛只发病，呈地方流行性或大流性。流行上还有一定周期性，约 3～5 年大流行一次。病牛多为良性经过，在没有继发感染的情况下，死亡率为 1%～3%，潜伏期为 3～7 天。

3. 临床症状

病初，病畜震颤，接着体温升高到 40℃以上，稽留 2～3 天后体温恢复正常。在体温升高的同时，可见流泪，有水样眼眵，眼睑、结膜充血水肿。呼吸急迫，呼吸次数每分钟可达 80 次以上，呼吸困难，患畜发出呻吟声，呈苦闷状，有时可窒息死亡。

食欲废绝，反刍停止。第一胃蠕动停止，出现鼓胀或者缺乏水分，胃内容物干涸。粪便干燥，有时下痢。四肢关节浮肿疼痛，病牛呆立、跛行，起立困难而伏卧。

皮温不整，特别是角根、耳翼、肢端有冷感。另外，颌下可见皮下气肿。流鼻液，口角有泡沫。尿量减少且浑浊。妊娠母牛患病时可发生流产、死胎。乳量下降或泌乳停止。

该病大部分为良性经过，病死率一般在 1%以下，部分病例可因四肢关节疼痛，长期不能起立而被淘汰，急性死亡多因窒息所致。

4. 诊断

根据以上情况基本可以初步作出诊断，要进一步确诊还需要做实验诊断。应与牛传染性鼻气管炎、牛恶性卡他热加以鉴别。

5. 防治

加强牛的卫生管理对该病预防具有重要作用。应立即隔离病牛并进行治疗，对假定健康牛和受威胁牛，可用高免血清进行紧急预防注射。

高热时，肌肉注射复方氨基比林 20～40 mL，或 30%安乃近 20～30 mL。重症病牛给予大剂量的挤生素，常用青霉素、链霉素，并用葡萄糖生理盐水、维生素 B1 和维生素 C 等药物，静脉注射，每天两次。

四肢关节疼痛，牛可静脉注射水杨酸钠溶液。对于因高热而脱水和由此而引起的胃内干涸，可静脉注射林格氏液或生理盐水 2～4 L，并向胃内灌入 3%～5%的盐类溶液 10～20 L。

加强消毒，搞好消灭蚊蝇等吸血昆虫工作，切断病毒传播途径，针对流行热病毒由蚊蝇传播的特点，可每周两次用 5%敌百虫液喷洒牛舍及排粪沟，以杀灭蚊蝇。另外，针对该病毒对酸敏感，对碱不敏感的特点，可用过氧乙酸对牛舍地面及食槽等进行消毒，以减少传染。

二、恶性卡他热

恶性卡他热是由恶性卡他热病毒引起的一种急性、热性、非接触性传染病。其特征是高热，呼吸道、消化道黏膜的黏脓性坏死性炎症，并有脑炎症状，病死率很高。

1. 病原学

本病病原属于疱疹病毒科、疱疹病毒亚科。病毒存在于病牛的血液、脑、脾等组织中，在血液中的病毒紧紧附着于白细胞上，不易脱离，也不易通过细菌滤器。病毒对外界环境的抵抗力不强，不能抵抗冷冻及干燥。含病毒的血液在室温中 24 h，冰点以下温度可使病毒失去传染性。

2. 流行病学

恶性卡他热在自然情况下主要发生于黄牛和水牛，其中 2～5 岁的牛较易感，老牛发病较少。隐性感染的绵羊、山羊和角马是本病的主要传染源，本病一年四季均可发生，更多见于冬季和早春，多呈散发，有时呈地方流行性。

3. 临床症状

自然感染的潜伏期，长短变动很大，一般 4～20 周或更长，最多见的是 28～60 天。人工感染犊牛通常 10～30 天。

最初症状有高热稽留、肌肉震颤、食欲锐减、瘤胃弛缓，泌乳停止、初便秘后拉稀、排尿频数，有时混有血液和蛋白质，呼吸及心跳加快、鼻腔干热等。高热同时还伴有鼻眼少量分泌物，一般在第二日以后，发生各部黏膜症状，口腔与鼻腔黏膜充血、坏死及糜烂。数日后，鼻孔前端分泌物变为黏稠脓样，在典型病例中，形成黄色长线状直垂于地面。口腔黏膜广泛坏死及糜烂，并流出带有臭味涎液。每一典型病例，几乎均具有眼部症状，畏光、流泪、眼睑闭合，继而虹膜睫状体炎和进行性角膜炎，可能在 8 h 内变得完全不透明，也有发展较为迟缓的。炎症蔓延到额窦，会使头颅上部隆起；如蔓延到牛角骨床，则牛角松离，甚至脱落。体表淋巴结肿大。母畜阴唇水肿，阴道黏膜潮红、肿胀。有些患牛发生神经症状。病程较长时，皮肤出现红疹、小疱疹等。

4. 病理变化

鼻窦、喉、气管及支气管黏膜充血肿胀，有假膜和溃疡。口、咽、食道糜烂、溃疡，第四胃充血水肿、斑状出血及溃疡，整个小肠充血、出血。

5. 诊断

根据流行特点、临床症状及病理变化可作出初步诊断，确诊需进行实验检查，包括病毒分离、培养鉴定、动物试验和血清学诊断等。应与牛瘟、口蹄疫、黏膜病、蓝舌病等区别。

6. 防治

预防控制本病最有效的措施是加强饲养管理、增强单位抵抗力、注意圈舍卫生。同时将绵羊等反刍动物清除出牛群，不与牛接触，同时注意畜舍和用具的消毒。发现病畜后，按《动物防疫法》及有关规定，采取严格的控制、扑灭措施，防止疫情扩散，病畜应扑杀，污染地方应严格消毒。

三、牛白血病

牛白血病是由牛白血病病毒引起的慢性肿瘤性疫病，以淋巴细胞恶性增生、进行性恶病质和高病死率为特征。

1. 病原学

牛白血病病毒属于反转录病毒科丁型反转录病毒属。该病毒的抵抗力较弱，病毒可在56℃ 30 min 完全灭活，奶中的病毒也可被巴氏消毒灭活，病毒对各种有机溶剂敏感。

2. 流行病学

病畜或隐性感染牛是本病的传染源。主要通过牛的相互接触传播，也可能通过呼吸道传播，经吸血昆虫叮咬、采血、输血、注射和外科手术等水平传播，也可经胎盘或哺乳垂直传染。

在自然条件下主要感染牛，奶牛、黄牛和水牛最易感。因潜伏期长，故多发生于 3 岁以上成年牛，4～8 岁的牛发病率最高，2 岁以下牛发病率低 5%～10%表现为急性病程，无前驱症状即死亡。

3. 临床症状

潜伏期一般为 4～5 年。感染牛在非显性期只有血象变化，即白细胞和淋巴细胞增多及出现异常淋巴细胞。在显性期，病牛体表或全部淋巴结、脏器、组织形成肿瘤。体表淋巴结肿大而且坚硬，依部位不同可使病牛头偏向一侧（如腮、肩前淋巴结肿大），眼球突出（如眶后淋巴肿大挤压眼球），如压迫咽喉头可导致呼吸和吞咽困难，压迫神经造成共济失调等。

4. 病理变化

主要为全身的广泛性淋巴肿瘤。各脏器、组织形成大小不等的结节性或弥散性肉芽肿病灶，真胃、心脏和子宫最常发生病变。组织学检查可见肿瘤细胞浸润和增生。

由于骨髓坏死而出现不同程度的贫血。血液学检查可见白细胞总数增加，淋巴细胞尤其是未成熟的淋巴细胞的比率增高，淋巴细胞可增加 75%以上，未成熟的淋巴细胞可增加到 25%以上。血液学变化在病程早期最明显，随着病程的进展血象转归正常。

5. 诊断

根据流行病学、典型临床症状和病理变化可作出初步诊断，确诊需辅以实验诊断。指定诊断方法为琼脂凝胶免疫扩散实验和酶联免疫吸附实验。病原检查时，病毒可用外周液血淋巴细胞培养分离，然后用电镜或牛白血病病毒抗原测定法鉴定。在外周血中可用聚合酶链反应检查病毒 DNA，在肿瘤中可用 PCR 和原位杂交检测。血清学检查时，应用最广泛的有琼脂凝胶扩散实验和酶联免疫吸附实验。

6. 防治

采取检疫、淘汰等综合性措施。对有临床症状的病牛、血清学检查或血液学检查阳性牛，按照《动物防疫法》及有关规定处理。

四、狂犬病

狂犬病是由狂犬病病毒引起的多种动物共患的急性传染病，属于人畜共患病。病毒主要侵害中枢神经系统，临床症状明显呈现狂躁不安和意识紊乱等症状，最后麻痹死亡，病死率极高，一旦发病，几乎全部死亡。

1. 病原学

狂犬病病毒属于弹状病毒科的狂犬病病毒属。病毒对低温和干燥有极强的抵抗力。常用的消毒药如 5%石碳酸、0.1%升汞等可以迅速杀死病毒。

2. 流行病学

人及各种畜禽均易感，自然界许多野生动物也可感染。病畜和带毒的野生动物是本病的传染源，狐狸、蝙蝠是重要的储主。本病多呈散发，无明显的季节性。传播途径主要是经病畜咬伤而感染，尤其是犬，通过咬伤传播是唯一途径，在少数情况下也可由病犬、病猫舔健康动物伤口而感染。

3. 临床症状

（1）犬。潜伏期 10 天～2 个月，有时更久。一般可分为狂暴型和沉郁型两种。狂暴型表现为大量流涎，狂躁不安、厌食、攻击人畜或自咬。沉郁型呈短期兴奋，随后共济失调、麻痹，下颌下垂。最后都因全身衰竭和呼吸麻痹而死亡。

（2）牛。牛病初见精神沉郁，反刍、食欲降低，不久表现起卧不安，前肢搔地，有阵发性兴奋和冲击动作，如试图挣脱绳索，冲撞墙壁，跃踏饲槽，磨牙，性欲亢进，流涎等，最后因麻痹死亡。

(3) 猪。表现为狂躁型，兴奋不安，常无目的地乱跑，横冲直撞，攻击人畜。咬伤处发痒，叫声嘶哑，大量流涎。

4. 病理变化

胃内空虚或有异物如木片、石头、玻璃等，脑组织可见软脑膜的小血管扩张充血、水肿，并伴有小出血点。

5. 诊断

根据典型的临床症状和病理变化可初步诊断，确诊需进一步做实验诊断。病料采集时，取扑杀或死亡可疑动物的脑组织，最好是海马角和延髓组织。

6. 防治

扑杀野犬，加强检疫，对家犬大面积的预防免疫是控制和消灭狂犬病的根本措施。目前尚无特效药品治疗狂犬病。对被狂犬病病犬或其他动物咬伤的人畜应及时处理，彻底清洗伤口，注射抗狂犬病血清和疫苗，这几方面均不可忽视，否则会影响效果，导致发病死亡。

五、犬瘟热

犬瘟热是由犬瘟热病毒感染引起的急性、高度接触性传染病。其特征是发热、结膜炎，上呼吸道、肺、胃肠卡他性炎症，皮炎、神经炎和足垫硬化。

1. 病原学

犬瘟热病毒为副黏病毒科麻疹病毒属成员。病毒对干燥和寒冷有较强的抵抗力，对有机剂敏感，30%氢氧化钠、3%福尔马林、5%石碳酸溶液均可杀死病毒。

2. 流行病学

(1) 易感动物。目前已知的可自然感染的动物包括食肉目所有 8 个科、偶蹄目猪科、灵长目的猕猴属和鳍足目海豹科等多种动物。其中兽医临床中常见的有犬科的犬、狼、貂；鼬科的雪貂、水貂、紫貂；浣熊科的小熊猫、浣熊；猫科的猫；大熊猫科的大熊猫；熊科的棕熊、灰熊和黑熊等。其中犬科、鼬科及浣熊科呈高度易感性。

(2) 传染源。患病动物和带毒动物是主要的感染源，病毒大量存在于感染和患病动物的鼻、眼分泌物、唾液中，也见于血液、脑脊液、淋巴结、肝脏、脊髓、心包液及胸腹水中，并且可从尿中长期排毒，污染周围环境。

(3) 传播途径。本病主要经消化道、呼吸道传播。母犬也可通过血液传给胎儿，造成流产和死胎。不同年龄、性别和品种的犬都可感染此病，幼小动物比成年动物更易感，发病率和死亡率均较高。

3. 临床症状

本病潜伏期一般为 3～4 天，有的可延长到 15～20 天，50%～70%的犬呈亚临床症状。

病初体温升高到 39.5～41℃，持续 1～3 天，食欲减退，眼鼻流出水样分泌物，打喷嚏。然后体温下降，进入无烧期或低烧期，上述症状基本消失。大约再过2～3天后体温再次升高，眼结膜潮红，伴有黏性、脓性分泌物，起初鲜见咳嗽，仅在诱咳时表现为干咳。随着上呼吸道炎症的进一步发展，黏稠的脓性鼻液增多，病犬呈现“唇式呼吸”或“颊式呼吸”。肺部听诊肺泡呼吸音增强，支气管音粗粝。食欲减退，呕吐腹泻，幼犬在腹泻严重的情况下有可能继发肠套叠。

若没有控制好病情，绝大多数犬会出现神经症状。表现肌肉痉挛、共济失调、圆周运动、癫痫、惊厥或昏迷，出现神经症状的患犬大多数预后不良，即使治愈，也多会留有后遗症。

犬瘟热还可以造成犬的结膜炎、角膜炎，导致角膜溃疡穿孔。有些犬在急性症状后的10～20天，可出现鼻和脚垫硬化，尤其在幼犬更为明显，痊愈后可自行脱落。幼犬腹部还可能会出现脓性皮疹，开始出现米粒大小的痘样水疱，后因细菌感染化脓，随后结痂、干涸、脱落。

其他动物的临床症状与犬大体相似。但对病毒的敏感性不同，其中尤以小熊猫和水貂最为敏感，犬的病毒弱毒疫苗也能引起小熊猫发病，水貂感染后的死亡率可达90%。

4. 病理变化

主要表现为上呼吸道、肺部和消化道不同程度的卡他性炎症，严重的呈充血性肺水肿和坏死性支气管炎。

5. 诊断

根据流行病学、临床症状和病理剖检变化可作出初步诊断，确诊需进一步做实验诊断。应与狂犬病、副伤寒、犬传染性肝炎、钩端螺旋体病、巴氏杆菌病等相区别。

6. 防治

（1）预防。犬瘟热的预防以免疫注射为主，有多种疫苗可用于预防本病。临床常用的是六联疫苗，能预防犬瘟热、犬细小病毒、副流感、传染性肝炎、腺病毒Ⅱ型和犬钩端螺旋体病。免疫程序为：50日龄至3月龄的幼犬，需连续注射3次，每次间隔3～4周；3月龄以上的犬，连续注射2次，每次间隔3～4周，以后每年1次。

（2）治疗本病没有特效治疗药，一旦发生本病时除按照《动物防疫法》规定处理外，可参考以下治疗方法：

1）增强机体免疫机能。大剂量使用犬瘟热单克隆抗体、犬瘟热免疫血清、丙种球蛋白、犬干扰素、胸腺肽等。当疾病发展到后期，出现神经症状时应用高免血清其效果往往不理想。

2）控制继发感染。如果出现呼吸道症状，一般选用氨苄青霉素、红霉素、罗红霉素、四环素等；对出现消化道症状的病犬，可选用先锋霉素、庆大霉素等。

3）对症治疗。有呼吸道症状的病犬，应尽量少输液体以免对肺造成伤害。若有必要输液，必须慢输或计算好全天需液量后进行连续全天输液。为制止渗出和促进炎性渗出物的吸收，可静脉输注10%的葡萄糖酸钙；为缓解呼吸困难，可应用喘定、氨茶碱。控制体温过高可使用双黄连静脉输注。

对有消化道症状的犬应大量补充平衡液以防脱水，适当补充碳酸氢钠以防止酸中毒。止吐可用胃复安（灭吐灵）等，止泻可使用维迪康等。黄连素对犬应慎用，可能会引起中毒。腹泻时会引起肠道正常菌群的紊乱，而致产生维生素B类的菌群数量下降，所以应适当补充复合维生素B。

对出现神经症状的病犬，应让其安静，避免刺激，输液时尽量少输等渗液。为缓解抽搐，可使用安定。为缓解感觉过敏可肌肉注射扑尔敏、地塞米松等抗过敏药物，但在治疗早期尽可能不用。为恢复神经机能可应用维生素 B_1 缓慢肌肉注射。

对体温低下的、代谢水平低的犬必须补充能量，如足量的葡萄糖，静脉注射三磷酸腺苷和辅酶A等，对白细胞减少并体温低下的动物要慎用抗生素，可肌肉注射肌苷注射液。对贫血严重的犬可肌肉注射维生素 B_{12}、右旋糖酐铁和大剂量使用维生素C。

六、牛传染性鼻气管炎

牛传染性鼻气管炎是一种病毒性传染病，易感宿主是牛，但山羊、猪和各种野生动物也有感染的记载。

1. 病原学

病原为牛传染性鼻气管炎病毒即牛疱疹病毒Ⅰ型。可在牛肾、牛胚肾、猪肾、羊肾与马肾细胞上生长并可引起病变，使细胞聚集，出现多核合胞体。体内外感染的细胞均可产生核内包涵体。

2. 流行病学

病牛和带毒牛为主要传染来源，传播方式为接触传染，也可由昆虫的机械传递和人工授精而间接传染。本病常发生于从外地引进牛之后10天到数周，且多见于青年牛。由于青年牛引进时体内被动免疫状态降低，加上饲喂方式和运动方式的改变等应激因素，导致病毒从带毒者或接种活毒牛体排出而引起发病。引进种畜也会将本病带入，造成因配种或人工授精而引起本病暴发。现已证明，活毒苗的使用可导致病毒长久地存在于畜群中。

3. 发病机理

病毒感染的发生是由于环境中有病毒的存在和传播所造成的急性原发性感染以及病畜和带毒动物的隐性感染。病毒基因组存在于神经元中。在潜伏期之后，病毒可以再活化、排出，并在新的易感畜群中引起原发感染。无论是急性原发性感染病畜还是受到其他因素作用后使病毒再活化的带毒动物，都可从鼻黏膜、阴道黏膜或包皮排除病毒。由于病毒包括3个亚型，它们的流行病学和临诊表现特征可能不同，亚型1和亚型2a主要引起呼吸道感染，表现为传染性鼻气管炎，亚型2b可引起传染性脓疱外阴阴道炎或传染性脓疱龟头包皮炎，亚型3则与犊牛的脑炎和胎儿流产有关。

4. 临床症状

（1）呼吸道型。呼吸道感染后经4～6天的潜伏期，体温突然升至40.5～42℃，呼吸加快，有持续刺耳的咳嗽。轻度食欲不良，精神抑郁，1～2 天内可见两侧鼻孔流出浆液性鼻液，鼻黏膜高度充血。随病程的发展，排出黄白色脓性分泌物，鼻黏膜上形成白色膜，严重时，鼻孔周围形成硬痂，揭去痂皮其下高度充血，故称“红鼻子”。有些病牛大量流涎，但口部损害少见。急性期通常 5～10 天，此后大部分动物很快恢复。在多数暴发病例中约10%的动物体重下降，一些动物死亡。发病率取决于畜群的免疫状况，大多数牛群在50%～100%。温和病例仅见浆液性鼻液和眼分泌物。

（2）生殖器型。母牛感染后表现出传染性脓疱性外阴阴道炎，急性病例常发生于交配后1～3 天。病初动物体温升高，抑郁、食欲缺乏，患部疼痛、尿频和尾巴高举摇动等特征症状。仔细检查时可见阴门水肿、高度充血，黏膜散在直径 1～2 mm 的小脓疱。这些脓疱常合并成黄白色薄膜，薄膜脱落则形成溃疡，急性期 2～4 天，常继发细菌感染，故从阴门排出脓性分泌物，病变一般经 10～14 天愈合，严重病例持续数周。公畜表现为传染性脓疱性龟头包皮炎，多数 10～14 天愈合，如继发感染则病程延长。

（3）结膜型。患病动物表现畏光、流泪，结膜高度充血、水肿，严重病例眼睑外翻，常继发细菌感染。眼分泌物中混有脓液，也可发生角膜炎和角膜溃疡，单纯性病例在 5～10 天内痊愈。

（4）流产型。流产一般发生在怀孕后第四个月左右，流产胎儿全为死胎，可能有暂时性胎衣不下，胎儿胸、腹腔有大量黄红色积液，很少发生子宫炎。

（5）脑炎型。常见于六月龄以下犊牛，其症状为共济失调，精神沉郁，随后出现狂暴，流出泡沫样唾液，痉挛、躺卧以及磨牙等，病程短，最后死亡。

5. 病理变化

上述器官的黏膜呈急性炎症及坏死变化。鼻腔和气管呈急性出血性或纤维素坏死性炎症。肺脏一般无明显变化，但也可见肺水肿或继发性支气管炎。咽喉和颈部淋巴结可能肿胀，真胃黏膜发炎或有溃疡。流产胎儿有不同程度的自溶现象和皮肤水肿，肝脏和脾脏都有局灶性坏死。镜检，呼吸道上皮细胞除退行性变化外，还可见嗜伊红性核内包涵体。流产胎儿的肝、脾内形成明显的坏死灶，脾组织中尚有巨核细胞和多核巨细胞出现。肝坏死灶的边缘，有的细胞中可找到核内包涵体。脑炎型时，脑灰质与白质均有淋巴细胞性非化脓性脑炎变化。

6. 疾病诊断

根据病史和症状可作出初步判断。组织病变的检查对本病的诊断起重要作用。病毒的分离鉴定及其特异抗原和抗体的血清学检查可作出确诊。病毒分离应根据病畜临床表现采样；患鼻气管炎时，采取发热期鼻腔洗涤物或用棉球取鼻腔分泌物；患结膜炎时，采取结膜囊分泌物；患阴道炎时，采取阴道阴门黏膜和阴道分泌物；流产时采取胎儿胸腔液、心包液、心血及肺脏等脏器；脑炎时采取脑组织。可用牛肾组织培养分离，再用中和实验及荧光抗体来鉴定病毒。

7. 疾病预防

预防本病的弱毒疫苗或多联苗已有商品出售。接种后 10～14 天产生免疫力，免疫期可达数年，但最好每年接种一次。疫苗接种偶尔可导致妊娠母牛流产。改良的温敏型牛疱疹病毒活苗对妊娠青年母牛预防流产和死产有明显效果。

七、牛传染性脑膜炎

牛传染性脑膜炎，是牛的一种以脑膜炎、肺炎、关节炎等为主要特征的疾病。该病多发生于集约化饲养的肥育牛，表现为突然发热和运动失调，不能起立，随后陷于昏睡以致死亡。

1. 病原学

病原为昏睡嗜血杆菌。这是一种非运动性多形性小杆菌，革兰氏染色阴性，无鞭毛、芽孢、荚膜，不溶血。在 37℃，5%～10%二氧化碳的环境下生长最好，培养 2～3 天后出现直径约 1 mm 的正圆形、淡黄色或奶油色、湿润并有光泽的小菌落，集菌后呈橙黄色。其抵抗力不强，常用消毒液及 60℃ 5～20 min 即可将其杀死。

2. 流行病学

本病主要发生于肥育牛，奶牛、放牧牛也可发病，多见于 6 月龄到 2 岁的牛。昏睡嗜血杆菌是牛的正常寄生菌，应激因素和并发感染可导致发病，通常呈散发性。一般通过飞沫、尿液或生殖道分泌物而传染，发病无明显的季节性。

3. 临床症状

临床症状有多种类型，以呼吸道型、生殖道型和神经型为多见。呼吸道型表现高热、呼吸困难、咳嗽、流泪、流鼻涕，呈纤维素性胸膜炎症状，其中少数呈现败血症。生殖道型可引起母牛阴道炎、子宫内膜炎、流产、空怀期延长、屡配不孕，所产犊牛发育不良，常于出生后不久死亡，公牛感染后一般不引起生殖道疾病，偶可引起精液质量下降而不育。神经型表现体温升高，精神极度沉郁、厌食、肌肉软弱，以膝关节着地，步行僵硬，短时间内出现运动失调，转圈、伸头、伏卧、麻痹、昏睡，角弓反张、痉挛而死亡。超急性病例常突然死亡。

4. 病理变化

神经型见脑膜充血，脑脊液增量、呈红色。脑的表面和切面有针尖至拇指头大的出血性坏死软化灶。肺脏、肾脏、心脏等器官也可见边界清楚的出血性梗死灶，切面见多数血管因内膜损伤而形成大小不等的血栓。有的病例发生心内膜炎和心肌炎等。组织学检查，在脑、脑膜及全身许多组织器官有广泛的血栓形成，血管内膜损伤（脉管炎），并出现以血管为中心的围管性、嗜酸性粒细胞浸润或形成小化脓灶。

5. 疾病诊断

依据典型的病理学变化可作出初步诊断，但要确诊应从病变组织中分离出病原菌。血清学实验，目前有许多方法，但由于许多动物处于带菌状态或隐性感染，所以血清中存在抗体并不能作为发生过本病的标志。

6. 疾病治疗

病牛早期用抗生素和磺胺类药物治疗，效果明显，但如果出现神经症状则抗菌药物治疗无效。

7. 疾病预防

本病应以预防为主，可使用氢氧化铝灭活菌苗定期注射，同时加强饲养管理，减少应激因素，饲料中添加四环素类抗生素可降低发病率，但不要长期使用，以免产生抗药性。

八、综合防治山羊口疮

山羊口疮是一种接触性传染病，主要以患羊口唇等部位皮薄，黏膜形成丘疹、脓包、溃疡以及疣状厚痂为特征，幼羊易感染且发病率高，危害性较大。

1. 流行情况

当水冷草枯，营养条件跟不上时，常常导致此病发生。本病所有品种、不同性别和不同年龄的羊只均可感染，其中以 1～6 月龄羔羊最易感染，偶尔也感染成年羊只，病死率较高。本病传染性极强，常呈群发性，羊群中一旦有羊只感染，就会有少部分成年羊只被感染，从而导致全群发病，病程一般为 2～3 周。

该病毒对外界的抵抗力较强，干燥痂皮内的病毒于夏季阳光下经过 30～60 天开始丧失传染性，散落于地面的病毒可以越冬，至第二年春天仍具有感染性，主要通过损伤的皮肤、黏膜侵入机体，病畜的皮毛、尸体、污染的饲料、饮水、牧地、用具等可成为传播媒介。

2. 临床症状

(1) 唇型。病羊首先在口角、上唇或鼻镜上出现小红斑，逐渐变为丘疹和小结节，继而形成水疱或脓包，破溃后结成黄色或棕色的疣状硬痂。如为良性经过，则经过 1～2 周痂皮干燥、脱落而康复。严重病例，患部继续发生丘疹、水疱、脓包、痂垢，并互相融合，波及整个口唇周围及眼睑、耳廓等部位，形成大面积龟裂和易出血的污秽痂垢，痂垢下伴有肉芽组织增生，痂垢不断增厚，整个嘴唇肿大外翻呈桑葚状隆起，有的甚至发生牙齿脱落，严重影响采食，病羊日趋衰弱，同时并发其他综合症状，因而常会导致羊只死亡。

(2) 蹄型。病羊多见一只蹄患病，但也可能同时或相继侵害多数甚至全部蹄端。通常于蹄叉、蹄冠或膝部皮肤上形成水疱、脓包，破裂后则成为由脓液覆盖的溃疡。如继发感染则产生化脓、坏死，常波及基部、蹄骨，甚至肌腱或关节。病羊跛行，长期卧地，病程长，易并发其他综合症状。

(3) 外阴型。该型较少见，病羊表现为黏性或脓性阴道分泌物，在肿胀的阴唇及附近皮肤上发生溃疡，乳房和乳头皮肤上发生脓包、烂斑和痂垢，公羊则表现为阴囊鞘肿胀，出现脓包和溃疡，但发生病例较少。

3. 发病原因

(1) 检疫不严而引起。在引种和平时的检疫工作中，由于检疫不严，引入病羊或带毒羊，或者利用被病羊污染的厩舍、牧场、水源，常常引起该病的发生。

（2）饲养管理不善而感染发病。在饲养管理工作中，常因不经意地使羊的皮肤、黏膜受到损伤，饲料或垫草中存在大量的芒刺，以及对矿物质饲料添加不够，导致羊只缺乏矿物质饲料或微量元素，产生异嗜或啃墙，加之对羊舍和用具消毒不严，给病毒的侵入创造了条件，因而造成该病的发生。

（3）防疫措施不完善，出现防疫漏洞。当前，由于各地的防疫措施滞后，在对山羊的防疫中，几乎不进行山羊口疮疫苗的免疫接种，因而导致本病的传染和流行。

4. 诊断

通过流行病学及临床症状即可作出初步的诊断，需确诊则应采集病料送省级兽医相关职能部门检验确诊。

5. 防治措施

（1）切断传染源。山羊口疮病毒是一种对环境抵抗力极强的病毒，一旦发病，病毒就可能长期存在，给防治工作带来极大的难度。

（2）加强疫区管理，严格封锁，做好隔离工作。禁止从疫区引进羊只或购入饲料和畜产品，禁止疫区内的羊只及羊用饲料、畜产品向外运输，对病羊进行隔离治疗或进行相应处理。

（3）加强检疫，做好预防接种工作。购买羊只时，尽量不从疫区购入，并要严格产地检疫、运输检疫和购入检疫，还要做好消毒工作，这是预防和减少该病发生的重要措施。从外地引进的羊只应隔离观察2～3周，并严格消毒，经检疫证明无病后方可混入大群饲养。对疫区内的健康羊只进行紧急预防接种，使羊只产生免疫抵抗力，增强免疫功能，接种时可采集病羊的痂皮，捣碎后制作成自制疫苗使用，效果极佳。

（4）严格消毒，做好无害化处理工作。发现疑似病例后应对病羊进行隔离，确诊后，扑杀所有染病羊只并做无害化处理；对病羊污染过的厩舍、饲料、用具、场地等进行彻底消毒。

（5）加强饲养管理。加强对羊只的饲养管理工作，抓好秋膘和冬春补饲。经常打扫羊圈，保持清洁、干燥、卫生，并要做好防寒保暖工作。要注意保护羊只的皮肤、黏膜完好，拣出饲料、垫草中的铁丝、竹签等芒刺物，避免饲喂带刺的草，不要在有刺植物的草地放牧。科学搭配饲料，并适时合理补充矿物质饲料，以保证羊只所需营养全面，平时加喂适量食盐，以防羊只啃土、啃墙而引起口唇黏膜损伤。要坚持自繁自养的原则，不要引进来路不明地区的种羊，如确需引进，则必须按照《种畜禽管理条例》的有关规定，有计划地实施引种。

6. 适时做好药物治疗工作

羊只发病后，应按照《动物防疫法》的相关规定进行处理，对需治疗的羊只，在确保安全、不会发生传染的前提下，实施治疗。

（1）对症治疗。对舌面、口腔等处的溃疡，经反复冲洗患部后，可用5%碘甘油或者醋酸涂擦，对结痂者，应先将患部结痂剥去后再进行冲洗，每日冲洗 3 次，连续 4～6 天，也可用紫药水拌少量石灰涂擦。溃疡面每天用 0.5%高锰酸钾或 10%的盐水冲洗，也可用 3%双氧水冲洗，对病情严重的病羊可肌肉注射病毒灵注射液，对体温升高的病羊可肌肉注射退烧药和抗菌素（如青霉素、庆大霉素）等，以防止继发感染。

(2) 对蹄部病变的治疗。若蹄部发生病变，可将蹄部置于 5%～10%的福尔马林溶液中浸泡 3 次，每次 1 min，间隔 5～6 h，于次日用 3%的紫药水溶液或土霉素软膏涂擦患部。

(3) 对因治疗。为有效防止本病扩散，必须从根本上切断传染源，对健康羊只实施接种免疫，增强羊只免疫功能。

(4) 辅助治疗。对患羊灌服牛黄解毒片，按每只羊每次 2～3 片，一日两次，或内服中草药苦参 10 g、龙胆 10 g、白剑 10 g、花椒 10 g、黄花香 10 g、地榆 10 g，熬成汤后灌服，每日三次，连用一个星期，外用并加桃树皮和白杨树皮，清洗溃疡面，连用 4～6 天，同时用土霉素软膏涂抹于患部，直到症状基本消除为止。

九、大牲畜的给药方法

1. 口腔投药法

(1) 灌药瓶投药法。用灌药瓶将碾压粉碎的调成糊剂的药经口投入。将大牲畜保定在柱栏内，抬高头部，用灌药瓶装上需投入的糊剂药物，自口角的齿槽间隙处向口腔内插入灌药瓶嘴，并向舌背面舌根部灌入，待动物咽下一口后，再灌入第二口。

灌药时严禁牵拉其舌，以免影响吞咽而造成误咽。每一次灌入口腔的药量不可过大，否则容易从口腔中吐出而造成浪费。灌药过程中若发现大牲畜咳嗽，应立即将其头部放低，待转入正常后再灌入。

(2) 舔剂投药法。本法是将无强刺激性的药物加适量赋形剂制成面团状，将其涂于动物的舌根部，使动物逐渐舔食并咽下。投服时先将药团放在舔剂板前端，一手将舌拉出，另一手持舔剂板，从一侧口角送入口内，并迅速将药抹到舌根部。立即抽出舔剂板，把舌松开，抬高头部，待其咽下即可。

(3) 片剂、丸剂、囊剂投药法。先将大牲畜保定，一只手伸入口腔，将舌拉出口角外，另一手将装好药剂的投药器沿硬腭送至舌根部，迅速将药剂推出，抽出投药器，把舌松开并托住下颌部，稍抬高头部，待其将药咽下后再松开。若无投药器，可用手将药剂投掷到舌根部，使其咽下即可。

(4) 胃导管投药法。大牲畜在栏内站立保定，口腔内装置开口器，通过口腔缓缓插入胃导管，当管端到达咽部时感觉有抵抗，此时不要强行推进，当大牲畜有吞咽动作时，趁机向食管内插入。当大牲畜无吞咽动作时，可揉捏咽部或用胃导管轻轻刺激咽部而诱发吞咽动作。

正确地插入食管内，再倒入药液于漏斗，然后举高漏斗，药液便灌入胃内。药液灌完后，再灌少量温水，以冲净漏斗及胃管内药液。然后拔掉漏斗，用拇指堵住投药管外口或将胃导管端折叠，缓缓抽出胃导管。

2. 肌肉注射给药法

肌肉内血管丰富，药液注入后吸收较快。感觉神经较少，疼痛较轻。肌肉注射在临床上应用最多，注射部位多选在颈侧或臀部。颈侧应选在颈础部，此处肌肉发达，吸收良好，臀部注射应避开坐骨神经。注射部剪毛消毒后，先刺入针头，而后连接吸好药液的注射器，回抽注射器内塞，若无回血，将药液缓慢注入肌肉内。肌肉注射要坚持进针快、拔针快、注射药液慢的原则。

3. 皮下注射给药法

皮下注射法是将药液注射到皮下结缔组织内的一种给药方法。注射部位通常选取皮下组织发达的部位，大牲畜多在颈侧部。局部剪毛消毒后，左手食指、中指和拇指将注射部皮肤掐起形成一皱褶，右手持注射器将针头刺入皱褶处皮下，深约 1.5～2 cm；也可在注射部位先用针头深刺入肌肉，然后用左手拇指和食指在注射部将皮肤和针头一起捏住，向上提拉，使针头进入皮下，将针头与注射器连接后右手将注射器内药液注入皮下。注射完毕，以酒精棉球压迫针孔，拔出针头，最后用碘酊涂在针孔。

4. 静脉注射给药法

将药液直接注射到静脉血管内的方法称为静脉注射法。注射部位在颈静脉沟上 1/3 与中 1/3 交界处的颈静脉内。注射方法首先看清颈静脉沟，局部剪毛消毒；压紧颈静脉的近心端，阻断血液回流，使静脉怒张；针头对准已怒张的血管，确定后用力迅速刺入；见针头回血后，将针头继续向血管内推进顺针；然后松开对颈静脉近心端的压迫，连接输液管接头，调整控制开关进行静脉注射，输液管用夹子固定在颈部皮肤上。静脉注射要注意药液温度、注射速度、配伍禁忌和有无刺激性等。

在注射过程中要经常观察是否漏针，若发现漏针，应立即停止注射，重新调整针头，待正确刺入血管后再继续注入药液。注药完毕，拔下针头，用酒精棉球压迫片刻。

5. 腹腔注射给药法

腹腔注射法是将药液注入腹腔内，使药液经腹膜吸收进入血液循环的方法。注射部位多在右肷部，也可在右侧膝关节和肋骨弓水平连线的中点。

术部剪毛、消毒后，用 16～18 号针头垂直皮肤刺入，依次穿透腹肌和腹膜，当针头透过腹膜后，其阻力降低，有落空感。针头内不出现气泡及血液，也无腹腔脏器内容物溢出，经针头注入生理盐水无阻力，说明刺入正确。此时可连接注射器或连接输液吊瓶上的输液管接头向腹腔内注入药液。向腹膜腔内注入药液应加温至 37～38℃，药液过凉，会引起胃肠痉挛产生腹痛。注入的药液应为等渗溶液且无刺激性。当膀胱积尿时，应轻轻压迫腹部，或直肠内按摩膀胱，强迫排尿，待膀胱排空后再进行腹腔注射。注射过程中应防止针头退出腹腔外，必要时用胶布粘贴固定针头，一次注药量为 200～1 500 mL。注药完毕，拔下针头，局部消毒。

第三节　禽类病毒性疾病

一、鸡新城疫

鸡新城疫是由新城疫病毒引起禽的一种急性、热性、败血性和高度接触性传染病，家禽中以鸡最敏感，俗称为亚洲鸡瘟。以高热、呼吸困难、下痢、神经紊乱、黏膜和浆膜出血为特征。主要传染源是带毒的病鸡、死鸡。该病毒可通过呼吸道和消化道以及眼结膜、泄殖腔和损伤的皮肤进入体内。本病具有很高的发病率和病死率，是危害养禽业的主要传染病之一。

1. 病原学

新城疫病毒存在于病禽的所有组织器官、体液、分泌物和排泄中，以脑、脾、肺含毒量最高，以骨髓含毒时间最长。在低温条件下抵抗力强，不同毒株对热的稳定性有较大的差异。

该病毒对消毒剂、日光、高温抵抗力不强，一般消毒剂即可很快将其杀灭。

2. 流行病学

鸡、野鸡、火鸡、珍珠鸡、鹌鹑易感。其中以鸡最易感，野鸡次之。不同年龄的鸡易感性存在差异，幼雏和中雏易感性最高，两年以上的鸡易感性较低。水禽如鸭、鹅等也能感染本病。鸽、斑鸠、乌鸦、麻雀、八哥、老鹰、燕子以及其他自由飞翔的或笼养的鸟类，大部分也能自然感染本病或伴有临诊症状或呈隐性经过。

病鸡是本病的主要传染源，鸡感染后临床症状出现前 24 h，其口鼻分泌物和粪便就有病毒排出。病毒存在于病鸡的所有组织器官、体液、分泌物和排泄物中。在流行间歇期的带毒鸡，也是本病的传染源，鸟类也是重要的传播者。病毒可经消化道、呼吸道，也可经眼结膜、受伤皮肤侵入机体。

3. 发病机理

本病的发生一般认为是病毒从呼吸道或消化道侵入后，先在呼吸道和肠道内繁殖，然后迅速侵入血液扩散到全身，引起败血症。

4. 病理变化

由于病毒侵害心血管系统，造成血液循环高度障碍而引起全身性出血、水肿。患病后期，病毒侵入中枢神经系统，常引起非化脓性脑炎变化，导致神经症状，消化道病变以腺胃、小肠、盲肠最具特征，腺胃乳头肿胀、出血或溃疡，尤以在与食管或肌胃交界处最明显。十二指肠黏膜及小肠黏膜出血或溃疡，有时可见到岛屿状或枣核状溃疡灶，表面有黄色或灰绿色纤维素膜覆盖。盲肠扁桃体肿大、出血和坏死。呼吸道以卡他性炎症和气管充血、出血为主。鼻道、喉、气管中有浆液性或卡他性渗出物。弱毒株感染、慢性或非典型性病例可见到气囊炎，囊壁增厚，有卡他性或干酪样渗出。产蛋鸡常有卵黄泄漏到腹腔形成卵黄性腹膜炎，卵巢滤泡松软变性，其他生殖器官出血或褪色。

5. 临床症状

潜伏期 2～15 天或更长，平均为 5～6 天。根据临诊表现和病程长短把新城疫分为最急性、急性和慢性三种类型：

（1）最急性型。突然发病，常无特征症状而迅速死亡，多见于流行初期和雏鸡。

（2）急性型。鸡群突然发病，死亡率高，起初体温升高达 43～44℃，发病鸡精神委顿，减食或停食，口鼻中蓄积多量黏液，呼吸困难，而引颈张口、呼吸出声常发出咕噜声，排黄绿色或白色稀便。产蛋母鸡产蛋急剧下降或产软壳蛋。病程较长的亚急性或慢性病鸡常出现神经症状，腿、翅膀麻痹或头颈歪斜，动作失调。食欲减少或丧失，渴欲增加，羽毛松乱，不愿走动，垂头缩颈，翅翼下垂，鸡冠和肉髯呈暗红色或紫色，眼半闭或全闭，状似昏睡。部分病例中，出现神经症状，如翅、腿麻痹，站立不稳，水禽、鸟等不能飞动、失去平衡等，最后体温下降，不久在昏迷中死去，死亡率达 90%以上。1 月龄内的雏禽病程短，症状不明显，死亡率高。

6. 诊断

根据本病的流行病学、症状和病变进行综合分析，可作出初步诊断，确诊需要进一步做实验诊断。

7. 防治

（1）建立严格的卫生防疫制度，防止一切带毒动物和污染物品进入鸡群，进入人员和车辆应该消毒；饲料来源要安全，不从疫区购进；不从疫区进种蛋和鸡苗；新购进的鸡必须接种新城疫疫苗，并隔离观察两周以上，证明健康者方可混群。合理做好预防接种。

（2）发生本病后须立即封锁、隔离发病鸡群，并彻底消毒；病死鸡的尸体及粪便、垫草等应进行焚烧、深埋消毒。

二、传染性法氏囊病

本病是由传染性法氏囊病病毒引起幼鸡的一种急性、高度接触性传染病。以突然发病、病程短、发病率高、腹泻、法氏囊水肿，出血、有干酪样渗出物为特征。幼鸡感染后，可导致免疫抑制，并可诱发多种疫病或使多种疫苗免疫失败。

1. 病原学

本病病原为传染性法氏囊病病毒，本病毒对外界环境非常稳定，在鸡舍内可存活 2～4 个月，耐酸不耐碱，对甲醛、过氧化钠、复合碘胺类消毒液敏感，70℃ 30 min 也可使其灭活。

2. 流行病学

病鸡和隐性感染的鸡是主要传染源。主要经消化道、呼吸道及眼结膜感染。自然感染仅发生于鸡，各种品种的鸡都能感染，3～6 周龄的鸡最易感，成年鸡一般呈隐性经过。

本病往往突然发生，传播迅速，通常在感染后第 3 天开始死亡，5～7 天达到高峰，以后很快停息，表现为高峰死亡和迅速康复的曲线。死亡率差异很大，有的仅为 3%～5%，一般为 15%～20%，严重发病群死亡率可达 60%以上。本病常与大肠杆菌病、新城疫、鸡支原体病混合感染，死亡率也可提高。

3. 临床症状

本病潜伏期为 2～3 天，最初发现有些鸡啄自己的泄殖腔。病鸡羽毛蓬松，采食减少，病鸡畏寒，常打堆在一起，精神委顿，随即病鸡出现腹泻，排出白色黏稠和水样稀粪。严重的病鸡头垂地，闭眼呈昏睡状态。在后期体温低于正常，严重脱水，极度虚弱，最后死亡。

4. 病理变化

死鸡表现脱水，腿部和胸部肌肉出血。法氏囊病的病变具有特征性，可见法氏囊内黏液增多，法氏囊水肿和出血，体积增大，重量增加，比正常重两倍，5 天后法氏囊开始萎缩，切开后黏膜皱褶多浑浊不清，黏膜表面有点状出血或弥漫出血。严重的法氏囊内有干酪样渗出物。肾脏有不同程度的肿胀。腺胃和肌胃交界处见有条状出血点。

5. 诊断

根据本病的流行病学和病变特征，如突然发病、传播迅速、发病率高，有明显的高峰死亡曲线和迅速康复的特点。法氏囊水肿和出血，体积增大，黏膜皱褶多浑浊不清，严重的法氏囊内有干酪样分泌物，就可作出初步诊断，确诊需要实验检查。

6. 防治

（1）做好免疫接种工作。目前使用的疫苗主要有灭活苗和活疫苗两种。可根据疫苗的种类、性质、鸡龄、饲养管理等情况进行具体选择。免疫接种的方法有点眼、滴鼻、饮水、注射等多种方法。

（2）加强环境卫生的消毒工作是控制本病的关键措施，必须贯穿种蛋、孵化、育雏的全过程，选用有效消毒药对育雏舍、用具、鸡笼等进行喷洒消毒，与病鸡的同群鸡可使用双倍剂量的中等毒力的活疫苗进行紧急免疫接种。另外，应加强饲养管理，降低饲料中的蛋白含量，提高维生素含量。饮水中加 5%的糖或 0.1%的盐，供应充足的饮水，有利于减少对肾脏的损害。投服抗生素或磺胺药品，防止继发感染。

三、高致病性禽流感

高致病性禽流感曾一度称为“鸡瘟”，是由 A 型禽流感病毒引起的一种禽类急性、高度致死性传染病。禽流感病毒感染后可以表现为轻度的呼吸道症状、消化道症状，死亡率较低，或表现为较严重的全身性、出血性、败血性症状，死亡率较高。这种症状上的不同，主要是由禽流感病毒的毒力所决定的。

1. 病原学

禽流感病毒属正黏病毒科 A 型流感病毒属，可分为若干个亚型。流感病毒对乙醚、氯仿、丙酮等有机物均敏感，常用消毒药容易将其灭活，如福尔马林、氧化剂、烯酸、卤素化合物、漂白粉、碘剂等。流感病毒对热敏感，对低温抵抗力较强。

2. 流行病学

流感病毒感染多种家禽，许多家禽如鸡、火鸡、珍珠鸡、鹌鹑、鸭、鹅等都可感染发病，但以鸡、火鸡、鸭和鹅多见，以火鸡和鸡最为易感，发病率和死亡率都很高；鸭和鹅等水禽的易感性较低，但可带毒或隐性感染，有时也会造成大批死亡。

禽流感的传播有病禽、健康禽直接接触和病毒污染物间接接触两种。禽流感病毒存在于病禽和感染禽的消化道、呼吸道和禽体脏器组织中。因此病毒可随眼、鼻、口腔分泌物及粪便排出体外，含病毒的分泌物、粪便、死禽尸体污染的任何物体，如饲料、饮水、鸡舍、空气、笼具、饲养管理用具，运输车辆、昆虫以及各种携带病毒的鸟类等均可机械性传播。健康禽通过呼吸道和消化道感染，引起发病。

3. 临床症状

禽流感的潜伏期从数小时到数天，最长可达 21 天。潜伏期的长短受多种因素的影响，如病毒的毒力、感染的数量、禽体的抵抗力、日龄大小和品种，饲养管理情况、营养状况、环境卫生及有否应急条件的影响等。主要表现病鸡咳嗽、打喷嚏，气管有啰音，流泪、眼睑水肿，产蛋下降，下痢，并有神经症状。在呼吸道、消化道、生殖系统、神经系统异常等其中一组和多组症状，如病鸡食欲废绝、体温骤升、精神高度沉郁，鸡冠与肉垂水肿、发绀，蛋鸡产蛋率下降或停止，拉黄白、黄绿或绿色稀粪，蛋鸡产蛋率下降或停止。有时候疾病暴发很迅速，在没有明显症状时伴随着大批死亡，数天内死亡率可达 90%以上。

4. 病理变化

剖检可见全身组织器官严重出血。腺胃黏液增多，刮开可见腺胃乳头出血，腺胃和肌胃之间交界处黏膜可见点状出血，消化道黏膜，特别是十二指肠广泛出血，呼吸道黏膜可见充血、出血，心冠脂肪及心内膜出血，输卵管的中部可见乳白色分泌物或凝块；卵包充血、出血、萎缩、破裂，有的可见“卵黄性腹膜炎”。水禽在心内膜还可见灰白色条状坏死。胰脏沿长轴常有淡黄色斑点和暗红色区域。

病理组织学变化主要表现为脑、皮肤及内脏器官（肝、脾、胰、肺、肾）出血充血和坏死，脑的病理变化包括坏死灶，血管周围淋巴细胞管套，神经胶质灶，血管增生和神经源性变化；胰腺和心肌组织局灶性坏死。

5. 诊断

根据流行病学、临床症状和病理剖检变化可初步诊断，确诊需做实验诊断。应与鸡新城疫、鸡支原体病和其他呼吸道疾病相区别。

6. 防治

（1）预防。该病尚无可靠疫苗，主要靠综合防治及加强检疫，避免鸡群感染发生疫情的地区，可采用相对应的疫苗免疫接种进行预防。严禁从存在该病的国家和地区引进各种禽类动物和产品。

(2) 处理。发现可疑病禽应立即上报疫情，按《动物防疫法》及其有关规定，采取有效、紧急、强制性的控制和扑灭措施，扑杀所有病禽和同群禽并做无害化处理。禽舍、饲养管理用具等进行严格消毒，对污水、污物、粪便无害化处理，对疫区、受威胁区的所有禽进行紧急预防接种。

四、传染性喉气管炎

传染性喉气管炎是由传染性喉气管炎病毒引起鸡的一种急性接触性呼吸道传染病，其以呼吸困难、咳嗽，咳出含有血液的渗出物，喉部和气管黏膜肿胀，出血并形成糜烂为特征。传播速度快，死亡率高。

1. 病原学

传染性喉气管炎病毒，大量存在于病鸡的气管组织及其渗出物中。肝、脾和血液中较少见。本病毒的抵抗力很弱，55℃只能存活 10～15 min，37℃存活 22～24 h，但在 13～23℃中能存活 10 天。对一般消毒剂都敏感，如 3%来苏儿或 1%苛性钠溶液，1 min 即可杀死。

2. 流行病学

在自然条件下，不同年龄的鸡均易感，但以成年鸡的症状最为明显。野鸡、孔雀、幼火鸡也可感染。病鸡和康复后的带毒鸡是主要传染源。病毒存在于气管和上呼吸道分泌液中，通过咳出血液和黏液而经上呼吸道传播，污染的垫料、饲料和饮水，也可成为传播媒介。易感鸡与接种活苗的鸡长时间接触，也可感染本病。本病多呈散发，以成年鸡多发，症状典型，秋冬季节和早春多发，夏季少发。

3. 临床症状

自然感染的潜伏期 6～12 天。急性病例的特征症状是鼻孔有分泌物和呼吸时发出湿性啰音，继而咳嗽和喘气。严重病例，呈现明显的呼吸困难，咳出带血的黏液，有时死于窒息。检查口腔时，可见喉部黏膜上有淡黄色凝固物附着，不易擦去。病鸡迅速消瘦，鸡冠发紫，有时排绿色稀粪，衰竭死亡。病程 5～7 天或更长。有的逐渐恢复成为带毒者。有些比较缓和的呈地方流行性，其症状为生长迟缓，产蛋减少，流泪、结膜炎，严重病例见眶下窦肿胀，病鸡多死于窒息，呈间隙性发病死亡。

4. 病理变化

典型的病变为喉和气管黏膜充血和出血、肿胀，有出血斑并覆盖含黏液性分泌物，有时这种渗出物呈干酪样假膜，可能会将气管完全堵塞。炎症也可扩散到支气管、肺和气囊或眶下窦。比较缓和的病例，仅见结膜和窦内上皮的水肿充血。

组织学变化可见黏膜下水肿，有细胞浸润。在患病早期可见核内包涵体。

5. 诊断

根据流行病学、特征性症状和典型的病变，即可作出诊断。在症状不典型，与传染性支气管炎、鸡毒支原体病不易区别时，须进行实验诊断。

6. 防治

（1）预防。加强饲养管理、补充维生素，避免鸡群拥挤，做好通风。严格隔离消毒等措施，封锁疫点，禁止可能污染的人员、饲料、设备和鸡只的移动，避免将康复鸡或接种疫苗的鸡与易感鸡混群饲养。

目前有两种疫苗可用于免疫接种。一是弱毒疫苗，经点眼、滴鼻免疫。但弱毒疫苗一般毒力较强，免疫鸡可出现轻重不同的反应，甚至引起成批死亡，接种途径和接种量应严格按说明书进行。一种是强毒苗，可涂擦于泄殖腔黏膜，4～5 天后，黏膜出现水肿和出血性炎症，表示接种有效，但排毒的危险性很大，一般只用于发病鸡场。灭活疫苗的免疫效果一般均不理想。

（2）处理。发现病鸡应按照《动物防疫法》的规定进行处理。

五、鸡传染性支气管炎

鸡传染性支气管炎仅见鸡感染且多发生于雏鸡，是一种急性、高度接触性的呼吸道疾病。以咳嗽、喷嚏、雏鸡流鼻液，产蛋鸡产蛋量减少，呼吸道黏膜呈浆液性、卡他性炎症为特征。病鸡和康复后的带毒鸡为主要传染源。

1. 病原学

传染性支气管炎病毒属于冠状病毒科冠状病毒属。病毒的抵抗力不强，大多数病毒株在 56℃ 15 min 失去活力，一般消毒剂，如 1%来苏儿、1%石炭酸、0.1%高锰酸钾、1%福尔马林及 70%酒精等均能在 3～5 min 内将其杀死。

2. 流行病学

本病仅发生于鸡，其他家禽均不感染。各种年龄的鸡都可发病，但雏鸡最为严重，死亡率也高，一般以 40 日龄以内的鸡为多发。本病主要经呼吸道传染，病毒从呼吸道排毒，通过空气的飞沫传给易感鸡。也可通过被污染的饲料、饮水及饲养用具经消化道感染。本病一年四季均能发生，但以冬春季节为多发。鸡群拥挤、过热、过冷、通风不良、温度过低、缺乏维生素和矿物质，以及饲料供应不足或配合不当，均可促使本病发生。

3. 临床症状

潜伏期 1～7 天，平均 3 天。由于病毒的血清类型不同，鸡感染后出现不同的症状。

（1）呼吸型。病鸡无明显的前驱症状，常突然发病，出现呼吸道症状，并迅速波及全群。幼雏表现为伸颈、张口呼吸、喷嚏、咳嗽，有咕噜音，尤以夜间最清楚。随着病情的发展，全身症状加剧，病鸡精神萎靡、食欲废绝、羽毛松乱、翅下垂、昏睡、怕冷，常拥挤在一起。两周龄以内的病雏鸡，还常见鼻窦肿胀、流黏性鼻液、流泪等症状，病鸡常甩头。产蛋鸡感染后产蛋量下降 25%～50%，同时产软壳蛋、畸形蛋或砂壳蛋。

（2）肾型。感染肾型支气管炎时病鸡表现轻微呼吸道症状，鸡被感染后 24～48 h 开始气管发出啰音，打喷嚏及咳嗽，并持续1～4天，这些呼吸道症状一般很轻微，有时只有在晚上安静的时候才听得比较清楚，因此常被忽视。病鸡表面康复，呼吸道症状消失，鸡群没有可见的异常表现。受感染鸡群突然发病，并于2～3天内逐渐加剧。病鸡挤堆、厌食，排白色稀便，粪便中几乎全是尿酸盐。产蛋母鸡的卵泡充血，早期感染可见输卵管萎缩，形成“假母鸡”，肾肿大、苍白。

（3）腺胃型。其主要表现为病鸡流泪、眼肿、极度消瘦、拉稀和死亡并伴有呼吸道症状，发病率可达100%，死亡率3%～5%不等。

4. 病理变化

呼吸型主要病变见于气管、支气管、鼻腔、肺等呼吸器官。表现为气管出血，管腔中有黄色或黑黄色栓塞物。幼雏鼻腔、鼻窦黏膜充血，鼻腔中有黏稠分泌物，肺脏水肿或出血。患鸡输卵管发育受阻，变细、变短或呈囊状。产蛋鸡的卵泡变形，甚至破裂。

肾型传染性支气管炎时，可引起肾脏肿大，呈苍白色，肾小管充满尿酸盐结晶，扩张，外形呈白线网状，俗称“花斑肾”。严重的病例在心包和腹腔脏器表面均可见白色的尿酸盐沉着。有时还可见法氏囊黏膜充血、出血，囊腔内积有黄色胶冻状物；肠黏膜呈卡他性炎变化，全身皮肤和肌肉发绀，肌肉失水。

腺胃型腺胃肿大如球状，腺胃壁增厚，黏膜出血、溃疡，胰腺肿大出血。

5. 诊断

根据流行特点、临床症状和病理变化，可作出初步诊断。进一步确诊则有赖于病毒分离与鉴定及其他实验诊断方法。

本病在鉴别诊断上应注意与鸡新城疫、鸡传染性喉气管炎及传染性鼻炎相区别。鸡新城疫一般发病较本病严重，在雏鸡常可见到神经症状。鸡传染性喉气管炎的呼吸道症状和病变则比鸡传染性支气管炎严重。传染性喉气管炎很少发生于幼雏而传染性支气管炎则幼雏和成年鸡都能发生。传染性鼻炎的病鸡常见面部肿胀这在本病是很少见到的。肾型传染性支气管炎常与痛风相混淆，痛风时一般无呼吸道症状无传染性，且多与饲料配合不当有关，通过对饲料中蛋白的分析、钙磷分析即可确定。

6. 防治

（1）预防。目前尚无有效药物治疗，所以要高度重视预防。

1）严格执行检疫、隔离、消毒等卫生防疫措施，加强饲养管理，降低饲养密度，避免鸡群拥挤，注意温度、湿度变化，避免过冷过热，加强通风，防止有害气体刺激呼吸道。加强环境控制，供给优质饲料，增强鸡体的抵抗力，合理配比饲料，防止维生素，尤其是维生素A的缺乏，以增强机体的抵抗力。

2）适时接种疫苗。对呼吸型传染性支气管炎，首免可在7～10日龄用传染性支气管炎H120弱毒疫苗点眼或滴鼻；二免可于30日龄用传染性支气管炎H52弱毒疫苗点眼或滴鼻；开产前用传染性支气管炎灭活油乳疫苗肌肉注射，每只0.5 mL。

肾型传染性支气管炎，可于4～5日龄和20～30日龄用肾型传染性支气管炎弱毒苗进行免疫接种，或用灭活油乳疫苗于7～9日龄颈部皮下注射。而对传染性支气管炎病毒变异株，可于20～30日龄、100～120日龄接种弱毒疫苗或皮下及肌肉注射灭活油乳疫苗。

（2）治疗。使用家禽基因工程干扰素注射并加丁胺卡那注射液100 mL/500只，加2 mg地塞米松注射液30 mL/500只，加利巴韦林注射液30 mL/500只，混合肌注。

本病目前尚无特异性治疗方法，改善饲养管理条件，降低鸡群密度，饲料或饮水中添加抗生素对防止继发感染有一定的作用。对肾型传染性气管炎，发病后应降低饲料中蛋白的含量，并注意补充钾离子和钠离子，具有一定的治疗作用。

六、鸡白痢

鸡白痢是一种由白痢沙门氏杆菌引起的常见传染病，各种年龄的鸡均可感染，褐壳蛋鸡比白壳蛋鸡更易感染。此病一年四季均易发生，是当前养鸡业普遍存在的问题，极易造成损失，不易控制，危害极大。

1. 病理变化

（1）雏鸡。破壳后5日内死亡的雏鸡，一般无明显的特征病变。只见肝脾略肿大，卵黄囊不退缩或吸收不好；10日龄以上的病死雏鸡，可见肝脾肿大，肝散在坏死点，肺可能呈褐色、实变，有坏死灶；20日龄至2月龄病死雏鸡，除肝脾变化外，其肺、心肌黄色坏死或灰白色增生结节，坏死灶界限不清，严重时心脏变形。10%～20%的病例尚见肌胃有黄色不整齐的坏死灶。部分病例见肝破裂、内出血。关节感染者见关节肿大，内含黄色浑浊的渗出物。

（2）成年鸡。卵巢变形，呈椭圆形、三角形、多角形、不规则形，或有长柄；变色，呈灰、白、黄、红、褐、灰绿甚至铅色；卵黄液油脂状、浑浊、稀薄或呈干酪样，有的卵泡呈充满透明液的囊泡。

（3）慢性感染的鸡。常见卵泡破裂，引起广泛的腹膜炎。有的病例见心包炎、心包粘连，腹膜炎及肝、脾肿大，肝散在坏死斑纹，形如地图，甚至肝破裂、内出血。公鸡主要见睾丸萎缩、小脓肿。

2. 诊断

根据病变可作初步诊断，确诊靠细菌培养。病鸡做全血平板凝集实验（2 min内山现明显凝集者为阳性反应），也可用沉淀抗原通过琼扩实验检查蛋黄中的抗体。鸡白痢所见的心包炎、腹膜炎易与大肠杆菌病的病变相混，而心肌坏死、增生和肺的增生变化易与马立克氏病的心、肺肿瘤相混，可借细菌培养和血清学反应区别。曲霉菌病也见肺干酪性坏死，通过细菌检查区别。

3. 临床症状

种蛋带菌或被污染时，孵化时死胚或出壳弱雏，表现衰弱站不起，不吃，腹部膨大，粪便堵糊肛门；雏鸡白痢，多见于5～7日龄至2～3周时。病鸡表现缩头垂翅，羽毛蓬乱，怕冷，喜扎堆，拉白色稀便，或肛门及附近羽毛被白色粪便粘结封堵。尖声鸣叫，呼吸困难。有的发生关节肿胀，跛行，死亡率高。青年鸡白痢多见于饲养管理条件差时，死亡率较高，一般只表现精神差，瘦弱下痢；成年鸡多为慢性或隐性感染，表现下痢，产蛋量少，冠萎缩等，无特异症状。

4. 防治

种鸡必须适时进行全群检疫，及时淘汰阳性鸡；孵化过程要严格按规章制度执行，蛋库、孵化器、出雏器及所用器具严格消毒。定期清洗、消毒水槽、食槽及用具；及时清除粪便，集中、无害化处理和带鸡消毒。育成阶段要尽量减少应激，如饲养密度、通风、温度、饲料骤变等。药物防治可提高育雏成活率，根据药敏试验结果进行，一般用庆大霉素、氯霉素等。

七、马立克氏病

1. 病原学

马立克氏病病毒属疱疹病毒科疱疹病毒甲亚科的马立克氏病毒属禽疱疹病毒 2 型，是一种细胞结合性病毒，共分三个血清型：1 型为致瘤的马立克病毒；2 型为不致瘤的马立克病毒；3 型为火鸡疱疹病毒毒株。

病毒对理化因素作用的抵抗力不强，对热、酸、有机溶剂及消毒药抵抗力较弱。5%福尔马林、3%来苏儿、2%火碱甲醛蒸汽熏蒸等均可杀死病毒。

2. 流行病学

鸡是最重要的自然宿主，致病力强的毒株可对火鸡造成严重损害。不同品种或品系的鸡均能感染，但对发生肿瘤的抵抗力差异很大。感染时鸡的年龄对发病有很大影响，特别是出雏和育雏室的早期感染可导致很高的发病率、死亡率。年龄大的鸡发生感染，病毒可在体内复制，并随脱落的羽囊皮屑排出体外，但大多不发病。母鸡比公鸡对病毒更易感。

病鸡和带毒鸡是主要的传染源，病毒通过直接或间接接触经气源传播。在羽囊上皮细胞中复制的病毒，随羽毛、皮屑排出，使鸡舍内的灰尘成年累月保持传染性。很多外表健康的鸡可长期持续带毒排毒，故在一般条件下病毒在鸡群中广泛传播，于性成熟时几乎全部感染。本病不发生垂直传播。

3. 临床症状

本病是一种肿瘤性疾病，潜伏期较长，受病毒的毒力、剂量、感染途径和鸡的遗传品系、年龄和性别的影响，可以存在很大差异。种鸡和产蛋鸡常在 16～20 周龄出现临诊症状，迟可至 24～30 周龄或 60 周龄以上。一般可分为神经型、内脏型、眼型和皮肤型。特征性症状是一个或多个肢体非对称的进行性不全麻痹，随后发展为完全麻痹。因侵害的神经不同而表现不同的症状，翅受累以下垂为特征，控制颈肌的神经受害可导致头下垂或头颈歪斜。迷走神经受害可引起嗉囊扩张或喘息。步态不稳是最早看到的症状，后完全麻痹，不能行走，蹲伏地上，或呈一腿伸向前方，另一腿伸向后方的特征性姿势，这是坐骨神经受侵害的结果。有些病鸡虹膜受害，导致失明。一侧或两侧虹膜正常视力消失，呈同心环状或斑点状以致弥漫的灰白色。瞳孔开始时边缘变得不齐，后期则仅为一针尖大小的孔。

4. 病理变化

最恒定的病变部位是外周神经，以腹腔神经丛、前肠系膜神经丛、臂神经丛、坐骨神经丛和内脏大神经最常见。受害神经横纹消失，变为灰白色或黄白色，有时呈水肿样外观。病变常为单侧性，将两侧神经对比有助于诊断。

内脏器官最常被侵害的是卵巢，其次为肾、脾、肝、心、肺、胰、肠系膜、腺胃和肠道，肌肉和皮肤也可受害。在上述器官和组织中可见大小不等的肿瘤块，灰白色，质地坚硬而致密，有时肿瘤呈弥漫性，使整个器官变得很大。除法氏囊外内脏的眼观变化很难与禽白血病等其他肿瘤病的相区别。

法氏囊通常萎缩，极少数情况下发生弥漫性增厚的肿瘤变化，由肿瘤细胞的滤泡间浸润所致。皮肤病变常与羽囊有关，但不限于羽囊，病变可融合成片，呈清晰的带白色结节，在拔毛后的胴体尤为明显。

5. 诊断

马立克氏病是高度接触传染性疾病，在鸡群中几乎是无所不在，必须根据疾病的流行病学、临诊症状、病理学和肿瘤标记作出初步诊断，确诊需要实验诊断。

6. 防治

（1）预防。严格执行卫生消毒制度，对种蛋、初生雏、育雏舍进行消毒，根据本病感染的原因，应将孵化场远离鸡舍，定期严格消毒，防止出壳时早期感染。

疫苗接种是防治本病的关键，以防止出雏室和育雏室早期感染为中心的综合性防治措施对提高免疫效果和减少损失也起重要作用。对一日龄雏鸡认真做好接种疫苗工作，种鸡雏最好注射二价或三价疫苗。早期感染可能是引起免疫鸡群超量死亡，因为疫苗接种后需 7 天才能产生坚强免疫力，而在这段时间内在出雏室和育雏室都有可能发生感染。

（2）处理。发生本病时应按着《动物防疫法》规定，采取严格的控制扑灭措施，防止扩散，病鸡和同群鸡扑杀并做无害化处理。污染的场地、鸡舍、用具、粪便等严格消毒。

八、鸭瘟

鸭瘟是由鸭瘟疱疹病毒引起的一种急性、热性、败血性、接触性传染病，其特征为高热、血管破坏、组织出血、消化道黏膜丘疹变化、淋巴器官损伤和实质器官变性。

1. 病原学

鸭瘟病毒是疱疹病毒科甲亚科成员，此病毒对外界抵抗力较强，60℃ 15 min、80℃ 5 min 可破坏病毒的感染性。

2. 流行病学

本病在一年四季都可发生，对不同年龄和品种的鸭均可感染。在自然流行中，成年鸭和产蛋母鸭发病和死亡较为严重，一个月以下雏鸭发病较少。

传染源为病禽和带毒禽。自然感染的动物仅限于鸭、鹅等鸭科动物。病毒分布于病鸭各内脏器官、血液、分泌物和排泄物中，尤以肝脏、肺、脑含毒量最高。

主要通过消化道感染，也可通过呼吸道、交配、眼结膜感染。以病禽与健康禽直接接触传染，或通过与污染环境的接触间接传染。被污染的水源是重要的传播媒介，吸血昆虫也是传染媒介之一。

3. 临床症状

自然感染的潜伏期一般为3～7天。病初体温升高（43℃以上），呈稽留热。精神沉郁、口渴、腿麻痹无力、两翅下垂。流泪和眼睑水肿是鸭瘟的一个特征症状，病初流出浆性分泌物，以后变黏性或脓性分泌物，往往将眼睑粘连而不能张开，严重的话眼睑水肿或翻出于眼眶外，故称“肿头瘟”或“大头瘟”之称。眼结膜充血或小点出血，甚至形成溃疡。

4. 病理变化

眼观变化见败血症病变，体表皮肤有许多散在出血斑，眼睑常粘连一起，下眼睑结膜出血或有少许干酪样物覆盖。部分头颈肿胀的病例，皮下组织有黄色胶样浸润。消化道黏膜出血、坏死。食道黏膜有纵行排列的灰黄色假膜覆盖或小出血斑点，假膜易剥离，剥离后食道黏膜留有溃疡斑痕，这种病变具有特征性。

5. 诊断

根据流行病学特点、特征症状和病理变化可作出初步诊断。本病传播迅速，发病率和病死率较高，特征性症状为体温升高、流泪、两腿麻痹和部分病鸭头颈肿胀；有诊断意义的病变为食道和泄殖腔黏膜溃疡和有假膜覆盖的特征性病变和肝脏坏死灶及出血点，确诊需要进行实验诊断。

6. 防治

坚持自繁自养，需要引进种蛋、种雏或种鸭时，一定要从无病鸭场，并经严格检疫，确实证明无疫病后，方可入场。做好环境卫生，坚持对鸭舍、场地、用具定期严格消毒。

九、鸭病毒性肝炎

鸭病毒性肝炎是由鸭肝炎病毒引起的一种急性、接触性传染病。临床上以发病急，传播快，死亡率高，及肝炎、出血和坏死为特征。

1. 病原学

病原为鸭肝炎病毒属于微RNA病毒科，肠道病毒属。病毒对外界环境的抵抗力较强，在污染的育雏室内能存活两个半月，在潮湿的粪便中能存活一个月，对消毒剂也有抵抗力，1%福尔马林几个小时才能灭活。

2. 流行病学

本病主要感染鸭，在自然条件下不感染鸡、火鸡和鹅，传染源为病鸭和带毒禽。传播途径主要通过与病鸭接触，经呼吸道也可感染。在野外和舍饲条件下，本病可迅速传播给鸭群中的全部易感雏鸭，成年鸭不发病。雏鸭的发病率和病死率都很高，1 周龄内的雏鸭病死率可达 95％。

3. 临床症状

自然感染潜伏期很短，通常 1～4 天。本病发病急，传播迅速，一般死亡多发生在 3～4 天内。雏鸭初发病时表现精神委靡、缩颈、翅下垂、不爱活动、行动呆滞或跟不上群，常蹲下、眼半闭、厌食，发病半日到一日即发生全身性抽搐，病鸭多侧卧，头向后背，两脚痉挛性地反复踢蹬，数小时后死亡，死前头向后弯，呈角弓反张姿态。

4. 病理变化

主要病变在肝脏，表现为肝肿大、质脆、色暗或发黄，肝表面有大小不等的出血斑点，胆囊肿胀呈长卵圆形，充满胆汁，胆汁呈褐色、淡茶色或淡绿色。脾有时见有肿大呈斑驳状。许多病例肾肿胀与充血。

5. 诊断

突然发病、迅速传播和急性经过为本病的流行病学特征，结合肝肿胀和出血的病变特点可作出初步诊断，确诊需进一步做实验诊断。

6. 防治

严格的防疫和消毒制度是预防本病的积极措施；种鸭在产蛋前 2～4 周注射弱毒疫苗。孵化室和圈舍应定期用 1％的复合酚消毒剂消毒。坚持自繁自养和全进全出的饲养管理制度，可防止本病的进入和扩散。发生本病时应按照《动物防疫法》的有关规定处理。

十、小鹅瘟

小鹅瘟是由鹅细小病毒引起的雏鹅的一种高度接触性、急性、败血性传染病。本病主要侵害 4～20 日龄的雏鹅。以急剧下痢、神经症状及病死率高为特征。剖检后以发生渗出性肠炎为主要病理变化。

1. 病原学

鹅细小病毒为细小病毒科细小病毒属。病毒对外界环境因素具有很强的抵抗力，对 2％～5％氢氧化钠、10％～20％的石灰乳敏感。

2. 流行病学

传染源为病雏鹅和带毒鹅，主要经消化道感染，也可垂直传播。本病一年四季均可发生，但主要发生于育雏期间，该病仅发生于鹅和番鸭的幼雏。雏鹅的易感性随年龄的增长而减弱。1 周龄以内的雏鹅死亡率可达 100％，10 日龄以上的死亡率一般不超过 60％。

3. 临床症状

本病的潜伏期依感染时的年龄而定，1 日龄感染为 3～5 天，2～3 周龄感染为 5～10 天。3～5 日龄发病者常为最急性，往往无前驱症状，一发现即极度衰弱，或倒地乱划，不久死亡。5～15 日龄发病者常为急性，典型症状是消化系统紊乱和神经症状，临床主要表现为以精神委顿，嗜睡、离群，鼻孔流出浆液性鼻液，患鹅频频摇头，两肢麻痹或抽搐、下痢，拉灰黄色或黄绿色稀粪，神经紊乱，食道膨大有多量气体和液体。小肠中后段黏膜坏死脱落与纤维素性渗出物凝固形成栓子，形如腊肠状为特征。亚急性型多见于 2 周以上雏鹅，病程 3～7 天，部分能自愈。

4. 病理变化

本病的特征性变化是空肠和回肠的急性卡他性—纤维素性坏死性肠炎。最急性型仅见小肠黏膜肿胀充血，上覆有大量淡黄色黏液。亚急性型还可见肝、脾、胰肿大充血。

5. 诊断

本病具有特征的流行病学表现，遇有孵出不久的雏鹅群大量发病及死亡，结合到症状和特有的病理变化，即可作出初步诊断。确诊需进一步进行实验诊断。

6. 防治

各种抗菌药物对本病无治疗作用，及早注射小鹅瘟疫苗能预防本病的发生，母鹅开产前 1 个月，每羽注射小鹅瘟疫苗 1 mL，2 周后所产种蛋孵出的雏鹅免疫保护率可达 95%以上。种蛋、种鹅苗及种鹅均应购置无病地区，种蛋入孵前要严格消毒，孵化场定期用 0.5%～1%的复合酚消毒剂进行场地和用具的消毒。小鹅瘟主要是通过孵房传播的，因此孵房中的一切用具设备，在每次使用后必须清洗消毒。兼用免疫血清疗法，雏鹅出壳 3～5 天内，皮下或肌注小鹅瘟免疫血清，预防量每羽 0.5 mL，治疗量 1 mL。发生本病时应按照《动物防疫法》的有关规定处理。

思　考　题

1. 简述猪口蹄疫、猪水疱病的临床症状。
2. 简答鸡新城疫的治疗要点。
3. 简述大牲畜的给药方法。

第四章 其他常见动物疾病的防治

学习目标：

◆掌握常见细菌性疾病的治疗方法

◆掌握大牲畜药物中毒的防治

第一节 细菌性疾病

一、布鲁氏杆菌病

布鲁氏菌病是由布鲁氏杆菌引起的人畜共患传染病，以母畜流产、不孕和公畜睾丸炎为特征。

1. 病原学

布鲁氏杆菌为革兰氏染色阴性的短小球杆菌。在自然界中，该菌抵抗力较强，尤其是在干燥的土壤、病畜的器官、分泌物中能生存 4 个月左右，在食品中可生存 2 个月，对日光、热、常用消毒剂等均较敏感。日光照射 20 min、加热 60℃、3%漂白粉澄清液及 3%来苏儿几分钟均可将其杀死。该菌对链霉素、氯霉素、强力霉素等抗生素均敏感，而对多黏菌素 B、林肯霉素等则有很强抵抗力。

2. 流行病学

本病的易感动物范围很广，主要是羊、牛、猪。一般情况下，牧区感染率高于农区，农区高于城镇。从季节上来看，一年四季各月均可发病。本病的传染源是病畜及带菌动物（包括野生动物）。最危险的是受感染的妊娠母畜，它们在流产或分娩时将大量布鲁氏菌随着胎儿、胎水和胎衣排出。流产后的阴道分泌物以及乳汁中都含有布鲁氏菌，布鲁氏菌感染的睾丸炎精囊中也有布鲁氏菌存在，传播途径主要是通过体表皮肤黏膜、消化道、呼吸道侵入机体。

3. 发病机理

布鲁氏菌侵入牛体后，在几日内到达侵入门户附近的淋巴结内，由此再进入血液中发生菌血症，菌血症引起体温升高，其时间长短不等，菌血症消失，经过长短不等的间歇后可再发生菌血症。

4. 临床症状

（1）牛。母牛主要表现流产，可发生于妊娠的任何时期，多见于6～8个月。多见胎盘滞留，失去生育能力。公牛出现睾丸炎，有些牛发生关节炎、黏液囊炎和跛行。

（2）绵羊、山羊。常不表现症状，而首先被注意到的症状也是流产和乳房炎。怀孕母羊易感染，常发生胎盘炎，引起流产和死胎，流产发生于妊娠后的3～4月。公羊感染发生睾丸炎。

（3）猪。最明显的症状也是流产，多发生在妊娠第4～12周。有的在妊娠第2～3周即流产，有的接近妊娠期满即早产。早期流产常不易发现，因母猪常将胎儿连同胎衣吃掉。流产的前兆症状常见沉郁，阴唇和乳房肿胀，有时阴道流出黏性或黏脓性分泌液。公猪常见睾丸炎和附睾炎。

5. 病理变化

（1）牛。胎衣呈黄色胶冻样浸润，有些部位覆有纤维蛋白絮片和脓液，有的增厚而杂有出血点。绒毛叶部分或全部贫血呈苍黄色，或覆有灰色或黄绿色纤维蛋白或脓液絮片或覆有脂肪状渗出物。胎儿胃特别是第四胃中有淡黄色或白色黏液絮状物，肠胃和膀胱的浆膜下可能见有点状或线状出血。

（2）绵羊、山羊。病理变化与牛的相似。

（3）猪。病理变化与牛的相似。

6. 诊断

根据流行病学资料，流产、胎儿胎衣的病理损害，胎衣滞留以及不育等都有助于布鲁氏菌病的诊断，但确诊只有通过实验诊断才能得出结果。

7. 防治

（1）预防。预防为主，最好的办法是自繁自养，必须引进种畜或补充畜群时，要严格执行检疫，即将牲畜隔离饲养两个月，同时进行布鲁氏菌病的检查，全群两次免疫生物学检查阴性者，才可以与原有牲畜接触。清净的畜群，还应定期检疫（至少一年一次），一经发现，应立即淘汰。

被污染的畜舍、饲槽、水槽等用10%的石灰乳或5%的火碱严格消毒，病畜分泌物、排泄物等应做无害化处理。疫区的生皮、羊毛等畜产品及饲料等也应进行消毒或放置两个月以上才能再用。

（2）治疗。可采用下列组合：利福平、强力霉素，利福平、四环素，利福平、链霉素或链霉素、强力霉素，以利福平、强力霉素为首选，剂量为利福平600～900 mg/天（分2次服）、强力霉素200 mg/天、四环素2 g/天（分4次服），链霉素1～2 g/天（分2次肌注）。

用利福平、强力霉素治疗的病例，复发率仅约5%。复发病例采用原有治疗方案治疗，依然有效。

二、大肠杆菌病

1. 病原学

已知大肠杆菌有菌体（O）抗原 171 种，表面（K）抗原 103 种，鞭毛（H）抗原 60 种，因而构成许多血清型。

2. 流行病学

一般使仔猪致病的血清型往往带有 K88 抗原，而使犊牛和羔羊致病的常带有 K99 抗原。

幼龄畜禽对本病最易感，自出生至断乳期均可发病，仔猪黄痢常发于生后 1 周以内，以 1～3 日龄者居多，仔猪白痢多发于生后 10～30 天，以 10～20 日龄者居多，猪水肿病主要见于断乳仔猪。在牛生后 6 天～6 周多发，有些地方 3～8 月龄的羊也发病。鸡常发生于 3～6 周龄。

病畜和带菌畜是主要的传染源，主要经消化道感染，牛也可以通过子宫内或脐带感染，鸡可通过呼吸道感染。

本病一年四季均可发生，但犊牛和羔羊多发生冬春舍饲时期。

3. 发病机理

病原性大肠杆菌具有多种毒力因子，引起不同的病理过程。

4. 临床症状

因仔猪的生长期和病原菌血清型不同，本病在仔猪的临床表现也有不同。

（1）黄痢型，又称仔猪黄痢。潜伏期短，生后 12 h 以内即可发病，长的也仅 1～3 天，较此更长者少见。一窝仔猪出生时体况正常，经一定时日，突然有 1～2 头表现全身衰弱，迅速死亡，以后其他仔猪相继发病，排出黄色浆状稀粪，内含凝乳小片，很快消瘦、昏迷而死。剖检尸体脱水严重，皮下常有水肿，肠道膨胀，有较多黄色液状内容物和气体，肠黏膜呈急性卡他性炎症变化，以十二指肠最严重，肠系膜淋巴结有弥漫性小点出血，肝、肾有凝固性坏死灶。

（2）白痢型，又称仔猪白痢。病猪突然发生腹泻，排出乳白色或灰白色的糨糊状粪便，腥臭，腹泻次数不等。病程 2～3 天，长的 1 周左右，能自行康复，死亡的很少。剖检尸体外表苍白、消瘦、肠黏膜有卡他性炎症变化，肠系膜淋巴结轻度肿胀。

（3）水肿型，又称水肿病，是小猪的一种肠毒血症，发病率不高，但伤亡率很高。发病猪突然发病，精神沉郁，食欲减少或口流白沫。体温无明显变化，心跳疾速，呼吸初快而浅，后来慢而深。常便秘，但发病前一两天常有轻度腹泻。病猪静卧一隅，肌肉震颤，不时抽搐，四肢动作如游泳状，触动时表现敏感，发呻吟声或作嘶哑的叫鸣。站立时背部拱起、发抖，前肢如发生麻痹，则站立不稳，至后躯麻痹，则不能站立。行走时四肢无力，共济失调，步态摇摆不稳，盲目前进或做圆圈运动。水肿是本病的特殊症状，常见于脸部、眼睑、结膜、齿龈，有时波及颈部和腹部的皮下。有些没有水肿的变化，因为病程较短。

5. 剖检变化

剖检病变主要为水肿，胃壁水肿，常见于大弯部和贲门部，也可波及胃底部和食道部，黏膜层和肌层之间有一层胶冻样水肿，严重的厚达 2～3 cm，范围约数厘米。根据临床症状和病理变化可分为三型。

（1）败血型。病犊表现发热，精神不振，间有腹泻，常于症状出现后数小时至一天内急性死亡，有时病犊未见腹泻即死亡，从血液和内脏易于分离到致病性血清型的大肠杆菌。

（2）肠毒血型。较少见，常突然死亡，如病程稍长，则可见到典型的中毒性神经症状，先是不安、兴奋，后来沉郁、昏迷，以至于死。死前多有腹泻症状。由于特异血清型的大肠杆菌增殖产生肠毒素吸收后引起，没有菌血症。

（3）肠型。病初体温升高达 40℃，数小时后开始下痢，体温降至正常。粪便初如粥样、黄色，后呈水样、灰白色，混有未消化的凝乳块、凝血及泡沫，有酸败气味。患病末期，患畜肛门失禁，常有腹痛，用蹄踢腹壁。病程长的，可出现肺炎及关节炎症状。如及时治疗，一般可以治愈。不死的病犊，恢复很慢，发育迟滞，并常发生脐炎、关节炎或肺炎。

6. 诊断

根据流行病学、临床症状和病理变化可作出初步诊断。确诊需进行细菌学检查，菌检的取材部位，败血型为血液、内脏组织，肠毒血症为小肠前部黏膜，肠型为发炎的肠黏膜。对分离出的大肠杆菌应进行生化反应和血清学鉴定，然后再根据需要，做进一步的检验。

7. 防治

可使用经药敏实验对分离的大肠杆菌血清型有抑制作用的抗生素和磺胺类药物，如氯霉素、土霉素、磺胺甲基嘧啶、磺胺咪、呋喃唑酮等，并辅以对症治疗。使用一些对病原性大肠杆菌有竞争作用的疫苗，K88、K99 有较好的预防效果。要加强对母畜的饲养管理，使仔猪早吃初乳，注意圈舍的消毒，防止各种不良应激反应。

三、李氏杆菌病

李氏杆菌病是由李氏杆菌引起的一种散发性、人畜共患传染病。家畜和人以脑膜炎、败血症、流产为特征；家禽和啮齿类动物以坏死性肝炎、心肌炎及单核细胞增多症为特征。李氏杆菌病是以败血病经过，并伴有内脏器官和中枢神经系统病变的急性传染病，对养殖业危害很大。

1. 病原学

已知李氏杆菌属至少有 8 个品种，其中单核细胞增多性李氏杆菌和伊氏李氏杆菌是人和动物的重要病原。本菌对热的耐受性比大多数无芽孢杆菌稍强，常规巴氏消毒法不能杀灭它，65℃经 30～40 min 才能被杀灭。一般消毒药都易使之灭活。

2. 流行病学

传染源为患病动物和带菌动物。患病动物的粪、尿、乳汁、精液以及眼、鼻、生殖道的分泌物都可分离到病菌。本病经消化道、呼吸道、眼结膜及皮肤损伤等途径感染，饲料和饮水是主要的传染媒介。动物感染非常广泛，已查明有42种哺乳动物和22种鸟类易感。家畜中以绵羊、猪、家兔发病多，牛、山羊次之，马、犬、猫很少发生；家禽以鸡、火鸡、鹅较多发生，鸭极少感染；野禽、野兽和啮齿动物也易感，尤以鼠类易感性最高，是本菌的自然宿主。本病多为散发性，有时呈地方性流行，发病率低，但致死率高。一年四季都可发生，以冬春季节多见，夏秋季节只有个别病例。

3. 临床症状

潜伏期一般为2～3周，短的仅数天，也有的长达2个月。临床以发热，神经症状，孕畜流产，幼龄动物、啮齿动物和家禽呈败血症为特征，但不同种动物临床表现不一样。

（1）反刍动物。病初发热，羊体温升高1～2℃，牛表现轻热。舌麻痹，采食、咀嚼、吞咽困难。头颈呈一侧性麻痹，弯向对侧，常沿头的方向旋转或做圆圈运动，遇障碍物以头抵靠而不动。角弓反张，昏迷卧于一侧，直至死亡。妊娠母牛（羊）流产，羔牛常发生急性败血症而很快死亡。水牛感染病死率比其他牛高。病程短的2～3天，长的1～3周或更长。犊牛除脑炎症状外，有时呈急性败血症主要表现为发热、精神沉郁、虚弱、消瘦及下痢等。

（2）猪。表现运动失调，无目的行走或后退或做圆圈运动，或头抵地不动，或头颈后仰，前后肢张开呈观星姿势。肌肉震颤、僵硬，阵发性痉挛，侧卧时四肢作游泳状。有的后肢麻痹，拖地而行。仔猪以败血症为主，表现体温升高、咳嗽、呼吸困难、腹泻、耳部及腹部皮肤发绀，有的有神经症状，病发率较高。

（3）马。主要表现脑脊髓炎症状，体温升高，感觉过敏，容易兴奋，共济失调，四肢、下颌和喉部呈不全麻痹。意识和视力显著减弱。幼驹常表现轻度腹痛、不安、黄疸和尿血等症状。

（4）兔。表现神志不清，口吐白沫，呈间歇性神经症状，发作时无目的地向前冲撞或转圈运动，最后倒地，头后仰，抽搐而死。其他啮齿类动物常表现败血症症状。

（5）家禽。表现精神沉郁，停食、下痢，多在短时间内死于败血症。病程较长的可发生痉挛、斜颈等神经症状。

4. 病理变化

（1）神经型。脑膜和脑发生充血、水肿，脑脊液增加，脑干变软，有细小脓灶。

（2）败血型。全身败血性变化，脾脏肿大，心膜出血，肝脏有坏死灶。家禽可见心肌和肝脏肿大坏死。

5. 诊断

根据流行病学、临床症状及病理解剖变化，可以初步确诊，但要确诊需进一步做实验诊断。羊应注意与多头蚴病、慢性型羔羊痢疾、软肾病、狂犬病、酮病和瘤胃酸中毒相区别；牛应注意与散发性脑脊髓炎、衣原体感染和传染性鼻气管炎病毒所致的脑炎、多头蚴病相区别；猪应与中毒、伪狂犬病及传染性脑脊髓炎相区别。

6. 防治

（1）预防。畜肉及其副产品必须经动检部门检疫后，确认无李氏杆菌的肉类和副产品才能饲喂；要经常定期应用5%来苏儿或2%氢氧化钠进行消毒；加强饲养管理，保持圈舍的环境卫生。

(2) 治疗。群发时，应迅速隔离病畜进行治疗，消毒被污染的场舍、用具，屠宰时应注意消毒和防止病菌散布。对李氏杆菌大多数抗生素都有很好的效果，抗生素能抑制李氏杆菌的繁殖，所以病初大剂量应用抗生素，可取得满意效果。但表现神经症状的，治疗都难以奏效。据有关资料报道，有特效的抗生素是土霉素，发现后应立即静脉注射盐酸土霉素注射液，2.5～5.0 mg/kg，一日两次，也可应用新霉素、樟脑磺酸钠、氨苄青霉素等。

四、沙门氏菌病

沙门氏菌病是各种动物由沙门氏菌属细菌引起的疾病总称，临诊上多表现为败血症和肠炎，也可使怀孕母畜发生流产。

1. 病原学

沙门氏菌属是一大属血清学相关的革兰氏阴性杆菌。致病性沙门氏菌有很多种，它们抗药性强，变异速度快。

2. 流行病学

沙门氏菌属中的许多类型对家畜、家禽以及其他动物均有致病性。各种年龄畜禽均可感染，但幼年畜禽较成年者易感。对于猪本病常发生于6月龄以下的仔猪，以1～4月龄者发生较多，6月龄以上的猪免疫系统基本健全，感染后很少发病但长期带菌，在应激因素和其他疾病的作用下可激发此病。对于牛，以出生30～40天以后的犊牛最易感。对于羊，以断乳龄或断乳不久的最易感。对于鸡，主要是鸡白痢沙门氏菌引起的鸡白痢，雏鸡发病率高。病畜和带菌者是本病的主要传染源，其传播途径在动物与动物之间通过直接或间接途径传播，主要传播途径是消化道。

3. 临床症状

(1) 猪。猪沙门氏菌病又称猪副伤寒，各种年龄的猪都可发病，以6月龄以下居多。急性型时体温突然升高（41～42℃），精神不振，不食，后期间有下痢，呼吸困难，耳根、胸前和腹下皮肤有紫红色斑点，有时出现症状后24 h内死亡，但多数病程为2～4天，病死率很高。亚急性以腹泻为主要特征，初期症状为黄色水样腹泻，不含血液或黏液，几天之内同群中多数发病，典型的腹泻症状是一种白色蜂蜡样腹泻，可在几周内复发2～3次，有时粪便带血，病猪发热，采食减少，并出现与腹泻的严重程度和持续时间对应的脱水，病猪的死亡率一般较低。但患病后期出现后肢不全麻痹。在高度衰竭的情况下，7～14天死亡。常出现黏膜和皮肤黄疸，特别是猪霍乱沙门氏菌引起的本病更为明显。

(2) 牛。牛沙门氏菌病，病犊发烧、停食、虚弱，泻出恶臭液状粪便，常混有血丝和黏液，死亡率高达50%～70%，一般为5%～10%；不死的或出现关节肿胀，怀孕牛常发生流产。

（3）羊。羊沙门氏菌病，多见于15～20日龄的羔羊，病初精神沉郁，体温升高到40℃，低头弓背，食欲减退或拒食。身体虚弱、憔悴，趴地不起，经1～5天内死亡。大多数病羔羊出现腹痛、腹泻，排出大量灰黄色糊状粪便，迅速出现脱水症状，眼球下陷，体力减弱，有的病羔羊出现呼吸促迫，流出黏液性鼻液，咳嗽等症状。

（4）禽。禽沙门氏菌病。潜伏期4～5天，故出壳后感染的雏鸡，多在孵出后几天才出现明显症状。7～10天后雏鸡群内病雏逐渐增多，在第二、三周达高峰。发病雏鸡呈最急性者，无症状迅速死亡。稍缓者表现精神委顿，绒毛松乱，两翼下垂，缩头颈，闭眼昏睡，不愿走动，拥挤在一起。病初食欲减少，而后停食，多数出现软嗉症状。同时腹泻，排稀薄如糨糊状粪便，肛门周围绒毛被粪便污染，有的因粪便干结封住肛门周围，影响排便。由于肛门周围炎症引起疼痛，故常发生尖锐的叫声，最后因呼吸困难、心力衰竭而死。有的病雏出现失明，或肢关节呈跛行症状。病程短的1天，一般为4～7天，20天以上的雏鸡病程较长。3周龄以上发病的极少死亡，耐过鸡生长发育不良，成为慢性患者或带菌者，成年鸡也可发病但死亡率低。

4. 病理变化

（1）猪。急性者主要为败血症的病理变化。脾常肿大，色暗带蓝，坚度似橡皮，切面蓝红色，脾髓质不软化。肠系膜淋巴结索状肿大。有时肝可见糠麸状、极为细小的黄灰色坏死小点。全身各黏膜、浆膜均有不同程度的出血斑点，肠胃黏膜可见急性卡他性炎症。亚急性和慢性的特征性病变为坏死性肠炎。盲肠、结肠肠壁增厚，黏膜上覆盖着一层弥漫性、坏死性和腐乳状物质。

（2）牛。成年牛的病变主要呈急性出血性肠炎。剖检时，肠黏膜潮红，常有出血，大肠黏膜脱落，有局限性坏死区。腺胃黏膜也可能炎性潮红。

（3）羊。下痢型羊可见病羊消瘦。真胃和肠道空虚，黏膜充血，内容物稀薄。肠系膜淋巴结肿大充血，脾脏充血，肾脏皮质部与心内外膜有小出血点。流产型羊出现死产或初产羔羊几天内死亡，呈现败血症病变。组织水肿、充血，肝脾肿大，有灰色坏死灶。胎盘水肿出血。母羊有急性子宫炎，流产或产死胎的子宫肿胀，有坏死组织、渗出物和滞留的胎盘。

（4）禽（雏鸡）。在日龄短、发病后很快死亡的雏鸡，病变不明显。病期延长者卵黄吸收不良，其内容物色黄如油脂状或干酪样；有心肌、肺、肝、盲肠、大肠及肌胃肌肉中有坏死灶或结节。有些病例有心外膜炎，肝或有点状出血及坏死点，胆囊肿大，脾有时肿大，肾充血或贫血，输尿管充满尿酸盐而扩张，盲肠中有干酪样物堵塞肠腔，有时还混有血液，肠壁增厚，常有腹膜炎。

（5）成年鸡。慢性带菌的母鸡，最常见的病变为卵子变形、变色、质地改变以及卵子呈囊状，有腹膜炎，伴以急性或慢性心包炎。

5. 诊断

根据流行病学、临诊症状和病理变化，只能作出初步诊断，确诊需从病畜（禽）的血液、内脏器官、粪便，或流产胎儿胃内容物、肝、脾取材，做沙门氏菌的分离和鉴定。

6. 防治

加强饲养管理，消除发病原因。对常发本病的猪群，可在饲料中添加抗生素，但应注意地区抗药菌株的出现，发现对某种药物产生抗药性时，应改用另一种药。发现本病，立即隔离消毒。用土霉素或新霉素，羔羊每天 30～50 mg/kg，分三次内服；成年羊每天两次 10～30 mg/kg 体重肌肉或静脉注射。禽可用痢特灵（0.04%拌料）、氯霉素（0.1%拌料）、庆大霉素（2 000～3 000 u/只，饮水）及新型喹诺酮类药物。本病也可用疫苗预防。

五、牛皮蝇蛆病

牛皮蝇蛆病是几种皮蝇的幼虫，寄生在牛（包括牦牛）的皮下组织中而引起的一种慢性寄生虫病。本病在我国西北、东北地区以及内蒙古和西藏等地严重流行，其他省、区由流行地区引进的牛只也有发生。

1. 病原学

牛皮蝇蛆病的病原是寄生并移行于皮下的各种皮蝇的不同发育阶段的幼虫。牛皮蝇第一期幼虫为半透明黄白色，大小约 0.6 mm×0.2 mm，体分 12 节，各节密生小刺。第一节上有口孔，虫体后端有两个黑色圆点状的后气孔。第二期幼虫长约 3～13 mm，气孔板颜色较浅。第三期幼虫即成熟幼虫，体形粗壮，长达 28 mm，呈棕褐色，体分 11 节，背面较平，腹面稍隆起，有许多结节和小刺，但最后两节背腹面均无刺，气孔板呈漏斗状。纹皮蝇第一期幼虫呈半透明暗白色，大小约 0.5 mm×0.2 mm。基本与牛皮蝇第一期幼虫相似。第二期幼虫气孔板小而且颜色较浅。第三期幼虫长约 26 mm，体分 11 节，最后一节的腹面无刺，倒数第二节（第 7 腹节）腹面仅后缘有刺，气孔板浅而平。

牛皮蝇第一期幼虫沿外周神经的外膜组织移行到腰荐部椎管硬膜外脂肪组织中，约经 5 个月后，发育为第二期幼虫，从椎间孔离开硬膜外脂肪组织到达腰部、背部的皮下而成为第三期幼虫。纹皮蝇第一期幼虫钻入皮下沿疏松结缔组织移行到咽和食道部发育为第二期幼虫。此期幼虫在食道壁停留约 5 个月，再移向背部皮下发育成第三期幼虫。而中华皮蝇的幼虫先移行到牛喉头、气管、食道及胸腹腔内脏器官，然后随着幼虫的不断发育，最终移行至牛背部皮下。

幼虫移至牛背部皮下后，借助其后端的小尖刺以及分泌的能溶解皮肤的皮蝇毒素的作用，迅即在皮肤上穿钻一个小孔，以保证空气的供应和新陈代谢产物的排出。小孔钻透以后虫体将其身体倒转过来，以呼吸的气孔朝向开口。在此发育约两个半月，经两次蜕皮变为第三期幼虫。发育成熟后即自皮孔逸出落地成蛹。蛹期约 1～2 个月，至翌年春夏季节羽化为成蝇，整个发育周期约为 1 年。

2. 发病机理

皮蝇的成蝇在飞翔季节，虽然不叮咬牛只，但引起牛惊恐不安，严重影响采食、休息，造成消瘦、外伤、流产及产奶量减少。

幼虫钻入皮下时引起疼痛、局部炎症并刺激神经末梢导致皮肤瘙痒。幼虫在深部组织移行可造成组织损伤，例如，在食道的浆膜和肌层之间、内脏表面和脊椎管内可引起浆液渗出，中性粒细胞和嗜酸性粒细胞浸润甚至出血。第三期幼虫寄生在皮下时，引起结缔组织增生，局部皮肤突起，形成隆包，少则几个十几个，多则上百个。幼虫钻出后皮肤隆包部出现孔洞，穿孔如继发化脓菌感染，则形成脓肿，并常经瘘管排出脓液。化脓菌也可在皮下引起蜂窝织炎。幼虫钻出皮肤落地后，皮肤损伤局部可形成瘢痕，故使皮革质量大为降低。皮蝇幼虫的毒素，对牛的血液和血管有损害作用，因此动物出现贫血和消瘦。幼虫也可钻入延脑和大脑脚，引起神经症状。牛死后剖检时，可见皮肤水肿、增厚，皮下有出血，也可见到隆包、脓肿或蜂窝织炎。

3. 疾病诊断

牛皮蝇蛆病只发生于从春季起就在牧场上放牧的牛只，舍饲牛一般不受害。结合病史调查、流行病学资料分析和检查患牛背部皮肤与皮下的典型病变并发现虫体，即可作出明确的诊断。

4. 疾病预防

防治关键是选用药物杀灭第三期幼虫或移行中的幼虫。用2%敌百虫水溶液1次300 mL涂擦患牛背部，用药后24 h大部分虫体软化死亡。在第三期幼虫成熟并落地期间（3月初—6月底），每隔30天涂药1次，可收到良好效果。

倍硫磷是杀灭皮蝇幼虫的特效药，与敌百虫不同，倍硫磷对牛体内移行的第一、二期幼虫也有良效。当幼虫使皮肤穿孔之前即可将其杀死。倍硫磷肌肉注射量为7 mg/kg体重，于每年11月份用药。在夏季可用0.25%的药液对牛体进行喷雾，还可用20%的溶液（混于液体石蜡内）在牛背部浇泼。对第一期、第二期幼虫的杀死率可达95%以上。

此外，各种剂型的伊维菌素对牛皮蝇幼虫的杀灭效果可达99.9%。蝇毒磷10 mg/kg体重臀部肌肉注射，对幼虫有较好杀灭作用。溴氰菊酯、氯氰菊酯、百树菊酯、氰戊菊酯的油乳剂加水稀释后喷洒牛体和畜舍有驱避成蝇的作用。

六、结核病

结核病是由结核分支杆菌引起的一种慢性传染病，在一年四季均可发生，由于是慢性，较不容易被及时发现，这种病可感染多种家畜，在动物临床上主要是牛结核病和禽结核病两种。

1. 牛结核病

（1）病原学。本病的病原为结核分支杆菌，对外界抵抗力较强，耐干燥和湿冷，但不耐热，60℃ 30 min即可杀死，100℃沸水中立即死亡。常用消毒药，如5%来苏儿、3%～5%甲醛液、70%酒精、10%漂白粉溶液等均可杀灭本菌。

（2）流行病学。病牛尤其是开放性结核病牛为主要的传染源。病畜的粪便、乳汁及分泌物等排出结核杆菌，污染周围环境而散播传染。主要是经呼吸道或消化道感染，有时可经胎盘或生殖器感染，经皮肤创伤感染者极少见。本病一年四季均可发生。

(3) 临床症状。本病潜伏期长短不一，一般为10～15天，长的达数月，通常呈慢性经过，临床上有4种类型。

1) 肺结核。病牛病初有短促干咳，随着病程的进展变为湿咳，咳嗽加重、频繁，并有淡黄色黏液或脓性鼻液流出。呼吸次数增加，呼吸困难。食欲下降，日渐消瘦、贫血，最后因心力衰竭而死亡。

2) 淋巴结核。多发生于病牛的体表，可见局部硬肿变形，有时有破溃，形成不易愈合的溃疡。常见于肩前、股前、腹股沟、颌下、咽及颈淋巴结等。

3) 乳房结核。病牛乳房淋巴结肿大，乳房硬肿，乳量减少，乳汁稀薄，混有脓块，严重者泌乳停止。

4) 肠结核。多见于犊牛，表现消化不良，食欲不振，下痢与便秘交替，继而发展为顽固性下痢，迅速消瘦为特征。

(4) 病理变化。特征变化在肺部及其他被侵害的组织器官。剖检有针尖大至鸡蛋大的黄白色坚硬结节，结节中心干酪样坏死或钙化。呈粟粒至豌豆大的半透明或不透明灰白色较硬的结节，在胸膜和腹膜的结节密集，形似珍珠状，又可称珍珠病。

(5) 诊断。本病常呈慢性经过，临床症状又多不明显，往往不易确诊。当牛发生原因不明的渐进性消瘦、咳嗽、肺部听诊异常、体表淋巴结慢性肿胀等，可怀疑有本病的存在，确诊还需作进一步的诊断。

(6) 防治。主要采取定期检疫，阳性牛和发病牛按《动物防疫法》的规定，采取严格的扑杀措施，防止疫情扩散。污染群要定期消毒，每年进行2～4次消毒。发生阳性病牛后可用链霉素、异烟肼、对氨基水杨酸钠治疗。对病初期有所改善，但不能根治，而且疗程较长、费用大、因此治疗不是最可取的方法。尤其对开放性的结核病牛，淘汰处理为上策。在治疗的同时用5%来苏儿或3%甲醛液进行一次大消毒。

2. 禽结核病

禽结核病是由禽型结核杆菌引起禽的一种慢性传染病。以消瘦、贫血、受侵器官组织结核性结节为特征。

(1) 病原学。禽型结核杆菌为分枝杆菌属成员，其特性见牛结核病。

(2) 流行病学。传染源为病禽及带菌动物，主要经过消化道和呼吸道感染。鸡、火鸡、鸭、鹅、孔雀、鸽、捕获的鸟类和野鸟均可感染，其中鸡尤以成年鸡最易感，牛、猪也可感染。

(3) 临床症状。潜伏期约2个月至一年不等。以渐进性消瘦和贫血为特征。病鸡表现胸肌萎缩、胸骨突出或变形，鸡冠、肉髯苍白。如果关节和骨髓发生结核，可见关节肿大、跛行，肠结核可引起严重腹泻。

(4) 病理变化。病变部位有大小不等、灰黄色或灰白色结核结节，常见于肝、脾、肠和骨髓等。肠壁、腹膜、卵巢、胸腺等处也可见到结核结节。

（5）诊断。根据临床症状和病理变化可作出初步诊断，确诊需进一步做实验诊断。防治参照牛结核病。

七、猪链球菌病

链球菌病是主要由数种不同的链球菌引起的不同临床类型传染病的总称。主要有脑膜炎型、关节型、败血型三种类型。

1. 病原学

引起猪链球菌病的链球菌主要有猪链球菌、马链球菌和类猪链球菌等。近年来由猪链球菌 2 型所引起的猪败血性链球菌常见流行，该菌在自然界分布很广。一部分对人畜有致病性，一部分无致病性。

本菌为需氧或兼性厌氧菌。多数致病菌的生长要求较高。本菌的致病力取决于产生毒素和酶的能力，对高热及一般消毒药抵抗力不强，常引起人和动物的多种疾病。

2. 流行病学

链球菌的易感动物较多，因而在流行病学上的表现不完全一致。患病猪和病死动物是主要传染源，主要经呼吸道、呼吸道和受损的皮肤及黏膜感染。而猪不分年龄、品种和性别都易感。鸡经各种途径均可感染。幼畜可因断脐时处理不当引起脐感染。患腺疫的幼驹可因吮乳，将本病传染给母马引起乳房炎，进而经血流，引起败血病。本病一年四季均可发生，但以夏季较多发。呈地方流行性，在新疫区呈暴发流行，发病率和死亡率很高。老疫区多呈散发，发病率、死亡率较低。

3. 临床症状

本病潜伏期一般为 1～3 天，长的可达 6 天以上。败血型链球菌临床上分三型。

（1）最急性型。发病急、病程短，常无任何症状突然死亡，或突然减食、食欲废绝，体温升高，呼吸促迫，间有咳嗽，多在 24 h 内死于败血症。

（2）急性型。体温升高 40～43℃，呈稽留热。病畜精神沉郁、呆立、嗜卧，厌食喜饮水，眼结膜潮红，流泪，颈部、腹下等皮肤有出血点。

（3）慢性型。主要表现关节炎症状，关节肿胀、跛行或瘫痪，最后因衰竭、麻痹而死亡。

（4）猪链球菌性脑膜炎。主要由 C 群链球菌所引起，以脑膜炎为主症的急性传染病。多见于哺乳仔猪和断奶仔猪。哺乳仔猪的发病常与母猪带菌有关。较大的猪也可能发生。病初体温升高，停食、便秘，流浆液性或黏液性鼻汁。随后表现出神经症状，盲目走动，步态不稳，或做转圈运动，磨牙、空嚼，并发出尖叫或抽搐，或突然倒地，口吐白沫，四肢划动，状似游泳，继而衰竭或麻痹而引起死亡。

4. 病理变化

死于出血性败血症的猪，可见颈下、腹下及四肢末端等处皮肤有紫红色出血斑点。急性死亡猪可从天然孔流出暗红色血液，凝固不良。胸腔有大量黄色或浑浊液体，含微黄色纤维素絮片样物质。心包液增加，心肌柔软，色淡呈煮肉样。右心室扩张，心耳、心冠沟和右心室内膜有出血斑点，心肌外膜与心包膜常粘连。肺充血肿胀，全身淋巴结有不同程度的肿胀、充血、出血。脾脏明显肿大，有的可大到1～3倍，呈灰红或暗红色，质脆而软，包膜下有小出血点。

5. 诊断

根据流行病学、临床症状和病理变化可作出诊断，确诊需进一步做实验诊断。本病应与李氏杆菌病、猪丹毒、副伤寒和猪瘟相区别。

6. 防治

(1) 预防。应用疫苗进行免疫接种，对预防和控制本病传播效果显著。同时做好圈舍、场地和用具的消毒工作。

(2) 治疗。青霉素、恩诺沙星、氟苯尼考、土霉素等抗生素对本病都有很好的疗效。使用时按说明书使用。

八、猪传染性萎缩性鼻炎

猪传染性萎缩性鼻炎，是由支气管败血波氏杆菌引起猪的一种慢性呼吸道传染病，其特征是生长迟缓、鼻炎、鼻腔有脓性分泌物、鼻甲骨萎缩和鼻变形。

1. 病原学

病原为支气管败血波氏杆菌和产毒性多杀性巴氏杆菌。单独感染支气管败血波氏杆菌可引起较温和的非进行性鼻甲骨萎缩，一般无明显鼻甲骨病变；在健康猪群中，几乎所有的猪都感染支气管败血波氏菌和非产毒性多杀性巴氏杆菌，并伴有程度不同的鼻甲骨萎缩；感染支气管败血波氏菌后继发感染产毒性多杀性巴氏杆菌时，则常引发严重的萎缩性鼻炎。本菌对外界环境抵抗力弱，常规消毒药即可达到消毒目的。

2. 流行病学

各种年龄、品种、性别的猪都易感，仔猪感染性最大。病猪和带菌猪是主要传染源。传播途径为呼吸道感染，主要通过飞沫经口、鼻感染猪，也可通过呼吸道分泌物、污染的媒介物接触传播。本病传播比较缓慢，多为散发或呈地方性流行。猪龄越小感染率越高，临床症状也越严重。营养水平、遗传因素，不同的品种和品系以及饲养密度大、卫生条件差、通风不良都可引起本病的发生。

3. 临床症状

本病多发生于4～12周龄以上的猪。病猪初期打喷嚏和咳嗽，鼻流清液或黏脓性分泌物。由于鼻黏膜炎症刺激，病猪表现不安、搔抓或摩擦鼻部。流泪，因与尘土粘积在眼眶下形成半月形“泪斑”，呈褐色或黑色斑痕，故有“黑斑眼”之称。

年幼猪感染特征是鼻甲骨发育受阻和鼻变形。若两侧鼻腔损害程度一致时，则造成“鼻上撅”，即鼻腔变小缩短，向上翘起，下颌相对较长，下门齿突出于上门齿之外，不能正常咬合。若一侧鼻腔病变严重，则可造成鼻子歪向一侧，表现为“歪鼻子”。

4. 病理变化

一般局限于鼻腔及其周围组织。特征病变为鼻甲骨不同程度萎缩。通常鼻甲骨的下卷曲萎缩最严重，有的鼻甲骨的上下卷曲都萎缩，甚至鼻甲骨完全消失。有时可见鼻中隔部分或完全弯曲。鼻黏膜充血水肿，鼻窦内常积聚多量黏性、脓性或干酪样渗出物。

5. 临床诊断

根据流行病学调查、典型临床症状和病理变化可作出初步诊断，确诊需进一步做实验诊断。

6. 防治

（1）药物预防。哺乳仔猪从 15 日龄能吃食时起，每天可按每千克体重喂给 20～30 mg 金霉素或土霉素，连续喂 20 天，有一定效果。或在母猪分娩前 3～4 周至产后 2 周，每吨饲料中加入 100～125 g 磺胺二甲基嘧啶和磺胺噻唑，或每吨饲料中加入土毒素 400 g 喂服。

（2）药物治疗。每吨饲料加入磺胺甲氧嗪 100 g，或金霉素 100 g，或加入磺胺二甲基嘧啶 100 g、金霉素 100 g、青霉素 50 g 三种混合剂，连续喂猪 3～4 周，对消除病菌、减轻症状及增加猪的体重均有好处。对早期有鼻炎症状的病猪，定期向鼻腔内注入卢格氏液、1%～2%硼酸液、0.1%高锰酸钾液等消毒剂或收敛剂，都会有一定好处。

九、炭疽

炭疽是由炭疽杆菌引起的一种人畜共患的急性、热性、败血性传染病。以突然高热和死亡、可视黏膜和天然孔流出煤焦油样血液为主要特征。

1. 病原学

炭疽杆菌，革兰氏染色阳性。菌体两端平直，呈竹节状，无鞭毛；在病料检样中多散在或呈 2～3 个短链排列，有荚膜，可形成芽孢。炭疽杆菌菌体对外界理化因素的抵抗力不强，但芽孢则有坚强的抵抗力。常用消毒 20%的漂白粉，0.1%升汞，0.5%过氧乙酸，消毒效果好。来苏儿、石炭酸和酒精的杀灭作用较差。

2. 流行病学

炭疽发生有一定的季节性，常发生于夏季，以散发为主。本病的主要传染源是患畜，或因本病死亡的动物尸体。当患畜处于菌血症时，病菌可通过粪、尿、唾液及天然孔出血等排出体外，尤其是形成芽孢，可能成为长久疫源地。

3. 临床症状

本病潜伏期一般 1～3 天，最长达 14 天。临床上可分为四型。

（1）最急性型。常见于绵羊和山羊，病畜呈败血症症状，表现为动物突然倒地，全身战栗、摇摆，昏迷、磨牙，呼吸极度困难，可视黏膜发绀，天然孔流出带泡沫的暗色血液，常于数分钟内死亡。

（2）急性型。表现为体温升高，可视黏膜发绀，便血、尿血。濒死期体温下降，呼吸高度困难，天然孔出血，倒地而死。

（3）亚急性型。与急性症状相似，但病程长。常在咽喉、颈部、肩胛、腹下、外阴部出现炭疽痈。

（4）慢性型。无明显的症状。

4. 病理变化

急性炭疽为败血症病变，尸僵不全，尸体极易腐败，天然孔流出带泡沫的黑红色血液，黏膜发绀，血凝不良，黏稠如煤焦油样，全身多发性出血，皮下、肌间、浆膜下结缔组织水肿，脾脏变性、淤血、出血、水肿，肿大 2～5 倍，脾髓呈暗红色，煤焦油样，粥样软化。

5. 诊断

根据典型的临床症状和病理变化可作出初步诊断，确诊需靠实验诊断。

6. 防治

（1）预防。发生本病时按照《动物防疫法》的规定，做好控制和扑灭措施，并做无害化处理。

（2）消毒。病畜的尸体严禁解剖，必须销毁，其分泌物、排泄物、污染的场所、用具等应用漂白粉、苛性钠消毒。

十、猪梭菌性肠炎

1. 病原学

猪梭菌性肠炎又称子猪红痢，是由 C 型产气荚膜梭菌引起的新生仔猪一种高度致死性肠毒血症。以排血样便、肠坏死、病程短、病死率高为特征。

2. 流行病学

本病主要侵害 1～3 日龄仔猪，1 周龄以上仔猪很少发病。在同一猪群不同窝的发病率不同，最高可达 100%，病死率一般在 20%～70%。病原常存在于一部分母猪肠道中，随粪便排出，污染哺乳母猪的乳头及垫料，当出生仔猪吮吸母猪乳头或吞入污物时可被感染。

病原在自然界分布很广，存在于人畜肠道、土壤、下水道和尘埃中，猪场一旦发生本病，不易清除。

3. 临床症状

（1）最急性型。仔猪未表现明显症状突然死亡，濒死前或死后臌气。

（2）急性型。以拉水样稀粪为特征，病仔猪体温一般不升高，排出带有多量泡沫、夹有少量灰色坏死组织碎片的红褐色稀粪，有特殊腥臭味。有的病仔猪呕吐，或发出尖叫声，发病后 3～5 天死亡。

（3）亚急性型。病猪呈持续性腹泻，病初排出黄色软粪，以后变成液状，内含坏死组织碎片。病猪食欲不振、极度消瘦和脱水，一般在出生后 5～7 天死亡。

（4）慢性型。呈间歇性或持续性腹泻，粪便呈灰黄色，黏液状，肛门及尾部附着干的稀粪。病程至数周，最后死亡或因发育受阻而无饲养价值被淘汰。

4. 病理变化

以空肠病变最具特征，有时可波及回肠，十二指肠一般不受损害。空肠常可见到长短不一的出血性坏死灶，外观肠壁呈深红色，肠管内充满含血内容物。病程稍长的病例，肠管病变以坏死性炎症变化为主，表现肠壁变厚，黏膜附有黄色或灰色坏死性假膜、易剥离。肠管内可见坏死组织碎片。肠系膜可见多量气泡。淋巴结周边出血，肾脏表面有多量针尖大小的出血点。

5. 诊断

根据临床症状和病理变化可作出初步诊断，确诊需进一步做实验诊断。病原检查：肠内容物触片镜检、细菌分离鉴定、毒素检查。

6. 防治

给怀孕母猪接种疫苗，通过母原抗体保护仔猪是预防本病的最有效办法。由于患病仔猪日龄太小，病程短，一般化学药物和抗生素类药难以收到治疗效果。

加强猪舍和周围环境的卫生和消毒工作，特别对产床和母猪乳头的消毒，可减少本病的发生和传播。

十一、羊快疫

1. 病原和流行病学

腐败梭菌是革兰氏染色阳性的厌气大肠杆菌，不形成荚膜。感染年龄多在 6～18 个月，一般经消化道感染。羊的消化道平时就有这种细菌存在，羊受寒感冒或采食了冰冻带霜的草料，机体遭受刺激，抵抗力减弱，特别是真胃黏膜发生坏死和炎症，同时经血液循环进入体内，刺激中枢神经系统，引起急性休克，使羊只迅速死亡。

2. 临床症状与病理变化

突然发病往往来不及出现临床症状，就突然死亡。有的病羊离群独处，卧地不愿走动，强迫行走时，表现虚弱和运动失调，腹部膨胀，有腹痛症状，最后极度衰竭、昏迷而死。病变主要见于消化道和循环系统。第四胃、肠道发炎，小肠溃疡，大肠壁血管怒张、出血，心包、胸腔、腹腔积液，心外膜有出血点，肾变性。

3. 诊断

如果羊突然发病死亡，死后又发现第四胃及十二指肠等处有急性炎症，肠内容物中有许多小气泡，肝肿胀而色淡，胸腔、腹腔、心包有积水等变化时，应怀疑可能是这一类疾病。确诊需进行实验诊断。

4. 防治

可用疫苗免疫预防本病。一旦发生本病时，将病羊隔离，对病程较长的病例试行对症治疗。当本病发生严重时，转移牧地，可收到减少和停止发病的效果。

十二、羊肠毒血症

羊肠毒血症主要是绵羊的一种急性毒血症，又称为“软肾病”。是由D型产气荚膜杆菌引起的绵羊的一种急性毒血症。其特征是发病急、病程短。本病在临床症状上类似羊快疫。

1. 病原和流行病学

属于梭菌属D型产气荚膜杆菌，一般消毒液对本菌有效。D型魏氏梭菌为土壤常在菌，也存在于污水中，正常情况下不引起发病。本病传染源是病羊及带菌羊，经口感染，不同品种、年龄、性别的羊均易感，主要发生绵羊，山羊少见，具有明显的季节性和条件性。2～12月龄的羊最易发病，发病的羊多为膘情较好的。

2. 临床症状及病理变化

病状可分为两种类型：一类以搐搦为其特征，另一类以昏迷和静静地死去为其特征。前者在倒毙前，四肢出现强烈的划动，肌肉颤搐，眼球转动，磨牙，口水过多，随后头颈显著抽缩，往往死于2～4 h内。后者病程不太急，其早期症状为步态不稳，以后卧倒，并有感觉过敏，流涎，上下颌“咯咯”作响，继以昏迷，角膜反射消失，有的病羊发生腹泻，通常在3～4 h内静静地死去。病变常限于消化道、呼吸道和心血管系统，由以肾肿胀柔软呈泥状病变为特征。

3. 诊断

初步诊断可以依据本病发生的情况和病理变化。防治见羊快疫。

十三、羊黑疫

羊黑疫又名传染性坏死性肝炎，是绵羊和山羊的一种急性高度致死性毒血症。

1. 病原和流行病学

本菌为革兰氏阳性大肠杆菌，严格厌氧，能形成芽孢，不产生荚膜。本菌分为A、B、C三型。本病主要在春夏发生于肝片吸虫流行的低洼潮湿地区。

2. 临床症状与病理变化

本病病程十分急促，绝大多数情况是未见有病而突然发生死亡。少数病例病程稍长，可拖延1～2天，但没有超过3天的。病畜掉群，不食，呼吸困难，体温41.5℃左右，呈昏睡俯卧，并保持在这种状态下毫无痛苦地突然死去。

3. 诊断

在肝片吸虫流行的地区发现猝死或昏睡状态下死亡的病羊，剖检见特殊的肝脏坏死变化，有助于诊断。必要时可作细菌学检查和毒素检查，毒素检查可用卵磷脂酶实验。

4. 防治

预防此病首先在于控制肝片吸虫的感染。特异性免疫可用疫苗进行预防接种。发生本病时，应将羊群移牧于高燥地区，对病羊可用抗诺维氏梭菌血清治疗。

十四、羔羊痢疾

羔羊痢疾是初生羔羊的一种急性毒血症，以剧烈腹泻和小肠发生溃疡为其特征。本病常可使羔羊发生大批死亡，给养羊业带来重大损失。

1. 病原及流行病学

本病病原为B型魏氏梭菌。在羔羊出生后数日内，魏氏梭菌可以进入羔羊消化道。在有外界不良诱因时，细菌大量繁殖，产生毒素。本病2～3日龄的发病最多，7日龄以上的很少患病。传染途径主要是通过消化道，也可能通过脐带或创伤传播。

2. 临床症状与病理变化

自然感染的潜伏期为1～2天，病初精神委顿，低头弓背，不想吃奶。不久就发生腹泻，粪便恶臭，有的稠如面糊，有的稀薄如水，到了后期，有的还含有血液和黏液，直到成为血便。羔羊以神经症状为主，四肢瘫软、卧地不起，呼吸急促、口流白沫，最后昏迷，头向后仰，体温降至常温以下，常在数小时到十几小时内死亡。尸体脱水现象严重，最显著的病理变化是在消化道，主要是胃肠道黏膜有出血、充血、溃疡。

3. 诊断

本病发病因素复杂应根据临床症状，病理变化作出初步诊断，确诊需进一步进行实验诊断。

4. 防治

加强饲养管理，增强孕羊体质。应综合实施抓膘保暖、合理哺乳、消毒隔离、预防接种和药物防治等措施才能有效地予以防治。

十五、巴氏杆菌病

巴氏杆菌病是由多杀性巴氏杆菌引起的一种急性、热性传染性疾病。动物巴氏杆菌病的急性型常以败血症和出血性炎症为主要特征，慢性型常表现为皮下结缔组织、关节及各脏器的化脓性病灶，并多与其他疾病混合感染或继发。

1. 病原学

本病病原是多杀性巴氏杆菌。溶血性巴氏杆菌也可成为羊、牛败血症的病原。本菌的抵抗力不强，在直射阳光和干燥的情况下迅速死亡。60℃ 10 min可杀死，一般消毒药在几分钟或十几分钟内可杀死。3%石炭酸和0.1%升汞水在1 min内可杀菌，10%石灰乳及常用的甲醛溶液3～4 min内可使之死亡。

本菌可使鸡、鸭等发生禽霍乱，使猪发生猪肺疫，使各种牛、羊、兔、马以及许多野生动物发生败血症。

溶血性巴氏杆菌在形态、培养和抵抗力与多杀性巴氏杆菌基本相似。但根据生化反应和致病性的不同，可分为A和T两个生物型；A型引起牛、绵羊肺炎和新生羔羊败血症；T型引起3月龄以上的羔羊败血症。

2. 流行病学

病畜禽的排泄物、分泌物及带菌动物均是本病重要的传染源。本病主要通过消化道和呼吸道，也可通过吸血昆虫和损伤的皮肤、黏膜而感染。能感染此病的动物很多，家畜中以各种牛、猪、兔、绵羊发病较多，山羊、鹿、骆驼、马、驴、犬、猫和水貂等也可感染发病，但报道较少。禽类中以鸡、火鸡和鸭最易感，鹅、鸽次之。已有20多种野生水禽感染本病的报道。发病动物以幼龄为多，较为严重，病死率较高。

本病的发生一般无明显的季节性，但以冷热交替，气候剧变，闷热潮湿，多雨的时期发生较多。体温失调，抵抗力降低，是本病主要的发病诱因之一。另外长途运输或频繁迁移，过度疲劳，饲料突变，营养缺乏，寄生虫等也常常诱发此病。因某些疾病的存在造成机体抵抗力降低，易继发本病。本病多呈地方流行或散发，同种动物能相互传染，不同种动物之间也偶见相互传染。

3. 禽巴氏杆菌病

禽巴氏杆菌病又称禽霍乱。自然感染的潜伏期为2～9天。

(1) 最急性型。常见于流行初期，以产蛋高的最常见。病禽无前驱症状，晚间一切正常，吃得很饱，次日发病死在禽舍内。

(2) 急性型。此型最为常见，病禽主要表现为精神沉郁，羽毛松乱，缩颈闭眼，头缩在翅下，不愿走动，离群呆立。病鸡常有腹泻，排出黄色、灰白色或绿色的稀粪。体温升高到43～44℃，减食或不食，渴欲增加。呼吸困难，口鼻分泌物增加。鸡冠和肉髯变青紫色，有的病鸡肉髯肿胀，有热痛感。产蛋鸡停止产蛋。最后发生衰竭，昏迷而死亡，病程短的约半天，长的1～3天。病鸭精神委顿，不愿下水游泳，即使下水，行动缓慢，常落于鸭群的后面或独蹲一隅，闭目瞌睡。羽毛松乱，两翅下垂，缩头弯颈，食欲减少或不食，渴欲增加，嗉囊内积食不化。口鼻有黏液流出，呼吸困难，常张口呼吸，并常常摇头，企图排出积在喉头的黏液，故有“摇头瘟”之称。成年鹅的症状与鸭相似，仔鹅发病和死亡较成年鹅严重，常以急性为主，精神委顿，食欲废绝，拉稀，喉头有黏稠的分泌物。喙和蹼发紫，翻开眼结膜有出血斑点，病程1～2天即死亡。

(3) 慢性型。由急性不死转变而来，多见于流行后期。以慢性肺炎、慢性呼吸道炎和慢性胃肠炎较多见。

4. 猪巴氏杆菌病

猪巴氏杆菌病又称猪肺疫，潜伏期一般1～14天。根据该病的发展过程，可分为最急性、急性和慢性三个病型。

(1) 最急性型。往往呈败血症症状，病猪体温突然上升到41～42℃，呼吸困难、心跳加快、不吃食，口鼻黏膜发紫。耳根、颈部、腹部等处发生出血性红斑。咽喉肿胀，坚硬而热，病猪呈犬坐势，在数小时到1天内死亡。

（2）急性型。本型最常见，体温升高至40～41℃，初期为痉挛性干咳，呼吸困难，口鼻流出白沫，有时混有血液，后变为湿咳。随病程发展，呼吸更加困难，呈犬坐姿势，胸部触诊有痛感。精神不振、食欲废绝，皮肤出现红斑，后期衰弱无力，卧地不起，多因窒息死亡。病程5～8天，不死者转为慢性。

（3）慢性型。主要表现为肺炎和慢性胃肠炎。时有持续性咳嗽和呼吸困难，有少许脓性鼻液。关节肿胀，常有腹泻，食欲不振，营养不良，有痂样湿疹，发育停止，极度消瘦，病程2周以上，多数发生死亡。

5. 牛巴氏杆菌病

牛巴氏杆菌病又称牛出血性败血症，潜伏期2～5天。牛死前眼结膜充血、出血，呼吸困难，心跳加快，运动失调，死后肛门和鼻口有少量出血。病程稍长的一般在数小时至2天内死亡，主要表现为高热，反刍停止，流涎流泪，有黏液性鼻液流出，咳嗽呼吸困难，卧地不起，最后死亡。

6. 羊巴氏杆菌病

（1）最急性型。常见于哺乳羔羊，多无明显症状而突然死亡，或发病急，仅有寒战、呼吸困难等症状，于数分钟至数小时内死亡。

（2）急性型。体温升高至41～42℃，精神沉郁，食欲废绝，呼吸急促，咳嗽，鼻液混血，颈部、胸前部肿胀。先便秘后腹泻，或呈血便。常于重度腹泻后死亡，病期2～5天。

（3）慢性型。即胸型，病程可达2～3周或更长。病羊流黏脓性鼻液，咳嗽、呼吸困难。消瘦，不思饮食，腹泻。也可见角膜炎、颈与胸下部水肿等症状。

7. 诊断

根据流行病学调查、临床特殊症状和病理剖检变化，可初步诊断，进一步诊断要做实验化验。

8. 防治

（1）禽。预防时加强禽群的饲养管理，平时严格执行禽场兽医卫生防疫措施，以栋舍为单位采取全进全出的饲养制度，预防本病的发生是完全有可能的。也可进行疫苗接种。治疗时可采用磺胺喹恶啉，混饲浓度为0.1%，连喂2～3天，间隔3天后，再用0.05%浓度混饲2天，停3天，再喂2天。

磺胺嘧啶或磺胺二甲基嘧啶混饲浓度为0.3%～0.4%，连用3天；混水浓度0.1%～0.2%，连用3天。

氯霉素每次每公斤体重30 mg，每天两次，连用不超过5天。氯霉素混饲浓度为0.025%～0.04%，混水浓度为0.05%～0.1%，连用3天。在使用磺胺药物时一定要注意混匀，防止发生药物中毒。产蛋鸡不要用，因能引起产蛋下降。

（2）猪。加强饲养管理，消除可能降低抗病力的因素。新引进的猪要隔离观察一个月后再合群。圈栏要定期用10%石灰乳消毒或火碱消毒。每年春秋定期用猪肺疫氢氧化铝甲醛菌苗或猪肺疫口服弱毒菌苗进行两次免疫接种。治疗用青霉素、链霉素和土霉素等均有一定疗效。

（3）牛。预防同猪。药物治疗可采用2%氧氟沙星针剂每公斤体重3～5 mg肌肉注射，复方庆大霉素针剂肌肉注射每日两次，3天为1个疗程。乳酸环丙沙星粉剂全群饮水。10%石灰水消毒圈舍，每日2～3次。

（4）羊。预防时应加强饲养管理，清除舍内和运动场积粪，对病畜活动的圈舍、场地、接触过的用具以1∶400新申抗毒威喷雾或清洗。对粪尿等排泄物用20%漂白粉彻底消毒。以百毒杀溶液清洁用具和舍内外喷雾消毒，加强舍内通风换气，同时防止羊群食用冰雪的饲料。

治疗时，可采用青霉素3万单位/千克、链霉素1.5万单位/千克混合肌注，每天两次，连用3天。同时口服磺胺脒2～3片，连续治疗4～5天。同时全群0.1浓度的氟哌酸溶液饮水。

第二节　大牲畜药物中毒的防治

夏季是大牲畜一年中采食青绿多汁饲料最多的一个季节，同时也是因农作物和蔬菜瓜果喷施农药而易污染的主要季节，而且夏季蚊蝇多，农户为防止蚊蝇叮咬干扰奶牛的正常生理活动，而在使用杀虫剂以消灭蚊蝇的过程中，操作不慎或使用剂量不当而引起药物中毒。为防止农药中毒事故的发生，现将常见的农药中毒及预防方法作以介绍。

一、有机磷农药中毒

有机磷农药是农业上常用的杀虫剂，主要用于水稻、玉米、小麦、瓜、果、蔬菜等农作物，也是引起家畜中毒的主要农药。有机磷农药主要包括敌敌畏、乐果、敌百虫、甲氨磷农药等。

1. 有机磷农药中毒的症状

主要抑制胆碱酯酶的活性，导致牛的神经生理机能紊乱而引起中毒反应。突然发病，初期兴奋、狂躁不安，冲撞、肌肉震颤，瞳孔缩小，后精神沉郁，流鼻涕，口吐白沫。初体温升高、抽搐甚至昏睡、昏迷，共济失调等症状尤为明显。腹泻、腹痛，粪便分泌物有时混有黏液或血丝，有大蒜味。全身大汗、心跳加快、脉搏细微、呼吸困难，最后因呼吸中枢麻痹而死亡。

2. 有机磷农药中毒的治疗

机磷农药中毒，治疗原则必须采取强心补液、解毒保肝、泻下。

（1）预防。健全农药的保管和使用制度，用农药处理过的种子和配好的溶液，不得随便乱放。配制及喷洒农药的器具要妥善保管，喷洒农药最好在早晚无风时进行。喷洒过农药的地方，应插上“有毒”的标记，1 个月内禁止放牧或割草。不滥用农药来杀灭家畜体表寄生虫，敌百虫驱虫用量要适当。

（2）治疗。有机磷农药中毒发展很快，必须及时抢救。由于绝大多数有机磷农药遇碱易分解，可利用碱性药物降低毒性。

危重患牛，心律失常、心力衰弱的，可用强心剂，如：强心苷、樟脑、安钠咖、洋地黄毒苷等；解毒主要应用阿托品配合解磷定、碘磷定双解磷、双变磷；可用 5%葡萄糖生理盐水、复方氯化钠、5%～10%葡萄糖溶液 3 000～6 000 mL，1 次静脉注射。也可 5%碳酸氢钠溶液 1 000～1 500 mL，1 次静脉注射。泻下排毒可用生菜油、硫酸钠等。

二、有机氯农药中毒

使用农药污染的饲料或直接农药撒粉、喷雾接触所致，由消化道、皮肤侵入机体。特别当药溶于有机溶剂或油中更加剧毒性。有机氯农药常见为狄氏剂、氯丹、毒杀芬等。

1. 有机氯农药中毒的症状

（1）轻度中毒的病牛，仅表现为吃草减少，但当人接近病牛或强迫病牛运动时，会引起病牛的兴奋，频频眨眼、皱鼻，全身肌肉大范围或局部的轻微痉挛。

（2）严重中毒的病牛，则表现为不安，眼睑、眼球震颤，鼻唇肌痉挛性收缩，全身肌肉震颤，牛空口磨牙，反刍停止，食欲废绝，有时表现兴奋，有后退动作，或失去平衡而倒地，心跳加快，最终因中枢神经抑制和呼吸衰竭而死亡。

（3）急性。患牛高度兴奋、反刍停止、粪干少带有血丝、目光凶猛、毁物伤人、很快倒地、口吐白沫、角弓反张。

（4）慢性。患牛兴奋不安、食欲减少、呼吸困难、流涎、下痢、时起时卧、肌肉震颤（由头、颈至全身其他肌肉）。

2. 有机氯农药中毒的治疗

（1）首先排除牛体内的有机氯化合物并使牛与有机氯化合物脱离接触。排除牛接触或采食毒源的机会，口服碱性药物，使有机氯分解。给予 4%～6%硫酸镁泻剂以排毒（严禁用油剂）。经皮肤中毒的，用肥皂水或碱水充分洗涤皮肤。

（2）对于摄入毒物不久的急性病例，因体表接触中毒的可用大量的温肥水刷洗体表；因内服中毒的，则可经洗胃排除毒物，并向牛胃内灌服碳酸氢钠，以促进毒物性的消退，还可内服泻剂，以促进有毒物质从粪便中排出。

（3）对有中枢神经症状的病畜，解除痉挛，可给予镇静剂，如巴比妥钠或溴化钠治疗。

（4）静注高渗葡萄糖、葡萄糖酸钙和强心剂（安钠咖），不能用肾上腺素。

三、酒糟中毒

酒糟是酿酒工业的副产品。由于酒糟质地柔软，气味酒香，适口性极好，为养牛业最好的饲料来源。往往因饲喂不当，长期饲喂或突然大量饲喂，常会引起牛食后中毒现象。

1. 酒糟中毒病因及症状

中毒发生的主要原因是饲喂不当、日粮不平衡所致。常见于饲料单纯、品种少、质量低劣，日粮中只能用酒糟代替其他饲料，造成长期过量饲喂。

（1）急性中毒。病牛食欲废绝，心跳加快，脉搏微细，腹泻或排出恶臭黏性粪便，脱水，眼窝凹陷，兴奋不安，共济失调，步态不稳，四肢无力，卧地不起。

（2）慢性中毒。病牛呈现出顽固性的前胃弛缓、食欲不振、瘤胃蠕动微弱，由于酸性产物在体内的蓄积，致使矿物质吸收紊乱而导致缺钙现象，母牛屡配不孕、流产和骨质疏松，腹泻，消瘦。后肢膝部皮肤肿胀、潮红，形成疮疹。水泡破裂出现溃疡面，上覆痂皮。患部经细菌感染，引起化脓或坏死，疼痛，跛行，或卧地不起。

2. 酒糟中毒诊断及治疗

根据有饲喂酒糟的病史、类似酸中毒脱水、腹泻、共济失调的症状表现，剖检有广泛性的胃肠道出血，可以初步诊断。还可以用相同酒糟饲喂，以观察动物发病情况而确诊。

首先应停喂酒糟，给予优质干草。药物治疗的原则是补充体液，缓解脱水，补碱以缓解酸中毒。

（1）碳酸氢钠 100～150 g，加水适量 1 次灌服。也可用 1%碳酸氢钠溶液冲洗口腔或灌肠。

（2）5%葡萄糖生理盐水 1 500～3 000 mL、25%葡萄糖溶液 500 mL、5%碳酸氢钠液 500～1 000 mL，1 次静脉注射。当患畜脱水有所好转，可用 10%葡萄糖酸钙液 500～1 000 mL、20%葡萄糖溶液 500 mL，1 次静脉注射。

（3）甘露醇或山梨醇注射液 300～500 mL，1 次静脉注射。可起到镇静作用。

（4）对症治疗应视机体表现进行，可用抗生素、维生素治疗。

3. 酒糟中毒预防

酒糟应喂新鲜的，不能存放过久，储存时应摊开，要注意保管，防止霉变。日粮要平衡，严格控制酒糟喂量，每天喂量以 5～10 kg 为宜，并应保证有足够的优质干草的进食量。随时检查酒糟的质量，观察有无发霉变质，轻微酸败，可加入石灰水、碳酸氢钠中和后再喂，已经发生严重霉败酒糟，应坚决废弃，严禁饲喂。为了防止酸性物质对钙的吸收影响，饲料中应补充磷酸三钙、碳酸氢钠等物质。

四、硝酸盐和亚硝酸盐中毒

本病多发生于梅雨期和秋季季节，即在每年 4～6 月份和 10～12 月份，以及翌年 1 月份有集中发病的趋势。

1. 硝酸盐和亚硝酸盐中毒的病因及症状

主要原因是由于饲喂或采食富含硝酸盐的草料，而使饲草和饲料中富含硝酸盐的决定性条件有：

(1) 在肥沃的或施用家畜粪尿以及氮肥的土地上生长的饲草和饲料，如禾本科作物处于生长早期阶段。

(2) 日照不足以及铁、铜、钼、磷、硫、锰等元素缺乏时，由于生长在这类土地上的植物进行光合作用受到影响，使植物中硝酸盐不能转化为氨基酸，使硝酸盐蓄积量增多。

(3) 施用除莠剂过后，使植物中硝酸盐含量相应的增加。

(4) 饲料搭配不当，尤其缺乏碳水化合物的足够比例时，易使硝酸盐变为亚硝酸盐。

病牛精神沉郁，茫然呆立，不爱走动，当强迫运动时步态蹒跚、不稳。食欲不振，甚至废绝，反刍停止，嗳气也大大减少，伴发程度不同的瘤胃鼓气，从口角流有大量涎水（混有泡沫），磨牙、呻吟，尿量减少，同时呈现腹痛、下痢等症状。重型病牛全身肌肉震颤，四肢无力，不能站立，多被迫横卧地上，在陷入虚脱状态后 1～2 h 内死亡。体温一般无明显变化，呼吸浅表、促迫，进而呈现呼吸困难。心搏动增强，脉数 170 次/min，脉细而弱，颈静脉怒张，可视黏膜发绀，乳房和乳头淡紫或苍白，妊娠母牛多发生流产。

2. 硝酸盐和亚硝酸盐中毒的诊断及治疗

根据发病病史的调查、临床症状的观察，以及实验室检验的结果可建立病性诊断。如有饲喂富含硝酸盐饲料的病史，症状中的血液呈黑红色，可视黏膜发绀，呼吸困难和急性窒息，以及实验室应用二苯胺法检测饲草、血液、胃液、尿液和胸、腹水等呈硝酸盐阳性。

药物治疗多用氧化还原剂——美蓝（亚甲蓝）制剂，应用生理盐水或 5%葡萄糖溶液制成 4%美蓝注射液，剂量按 9 mg/kg 体重，静脉注射。除应用美蓝制剂外，尚有甲苯胺蓝制剂、维生素 C 制剂。此外，还可进行对症疗法，如尼克刹米、樟脑油等药物，酌情分别用于兴奋呼吸中枢和强心等治疗目的。

3. 硝酸盐和亚硝酸盐中毒的预防

预防关键是清除所有的含硝酸盐成分的饲草和饲料，以及有效制止硝酸盐转化为亚硝酸盐的过程等。

(1) 在种植饲草或饲料的土地上，限制施用家畜粪尿和氮肥，减少硝酸盐的含量。

(2) 对含有硝酸盐饲草和饲料，在饲喂量上要严格控制，或只饲喂硝酸盐含量低的作物，或谷实部分，或与无硝酸盐饲草和饲料混饲。

(3) 饲喂富含碳水化合物成分的饲料，并添加碘盐和维生素 A、维生素 D 制剂。

(4) 应用四环素饲料添加剂（30～40 mg/kg），或金霉素饲料添加剂（22 mg/kg），可在两周内有效控制硝酸盐转化成亚硝酸盐的速度。

五、黄曲霉毒素中毒

1. 黄曲霉毒素中毒的病原及症状

其病原为黄曲霉毒素，目前已发现有 20 种之多，其中以黄曲霉毒素 B1、B2、G1 和 G2 毒力最强，尤其是黄曲霉毒素 B1 更强。黄曲霉毒素是由黄曲霉和寄生曲霉等产生的真菌毒素。本病发生原因多半是牛采食或饲喂了被上述产毒真菌污染的玉米、花生及花生饼、豆类、麦类及其加工副产品。

黄曲霉和寄生曲霉等广泛存在于自然界，如土壤、空气、各种谷物及其副产品等。当多雨季节，温度在 24～30℃，湿度又较适宜时，若收割、脱粒和储藏谷物各环节处理不当更易被其污染并产生大量毒素，致使牛发生中毒机会也势必增多。

犊牛发病后生长发育缓慢，营养不良，被毛粗刚、逆立多无光泽，鼻镜干裂。病初食欲不振，后期废绝，反刍停止。耳尖颤搐、磨牙、呻吟，有腹痛表现，无目的地徘徊、不安，角膜浑浊，出现一侧或两侧眼睛失明。伴发中度间歇性腹泻，排泄混有血液凝块的黏液样软便。成年牛的症状较犊牛轻，乳牛除泌乳性能降低或停止外，妊娠母牛间或发生早产或流产，个别病牛还出现神经症状，如惊恐、转圈运动等。

2. 黄曲霉毒素中毒的诊断及治疗

从病史调查入手，并对现场饲料样品进行检查，结合临床症状和病理变化等情况，综合性分析可作出初步诊断。为了确定致病性真菌，必须对饲料样品做真菌培养、分离和鉴定产毒真菌，连同对饲料样品中毒素检验。

当发生中毒时，就应立即停止饲喂霉败饲料，改饲碳水化合物多的青饲和高蛋白饲料，并减少或不喂含脂肪过多的饲料。通常只要加强护理，对轻型病牛可较快恢复，对重型病牛，除及时投服盐类泻剂排毒外，还要应用一般解毒、保肝和止血药物，如应用 25%～30%葡萄糖注射液，加维生素 C 制剂，或应用 20%葡萄糖酸钙注射液 500～1 000 mL，1 次静脉注射。为了控制继发性感染，酌情应用青、链霉素等抗生素，但切忌用磺胺类药物。

3. 黄曲霉毒素中毒的预防

预防关键又在于做好饲料的防霉和有毒饲料的去毒两个环节性工作，防霉和去毒又应以防霉为主。饲料防霉的根本措施是破坏霉败的因素，如温度和相对湿度等。为了防止谷类饲料在储藏过程中霉变，可试用化学熏蒸法，熏蒸剂可应用福尔马林、环氧乙烷、过氧乙酸、二氯乙烷和溴甲烷等。

思 考 题

1. 简述猪丹毒及巴氏杆菌病的临床症状及防治措施？
2. 简述牛硝酸盐中毒的病因及症状？